卓越工程师培养计划

■ "十二五"高等学校规划教材

http://www.phei.com.cn

U0253206

戚新波　　主编

张文豪　齐山　　　　　副主编

电工技术基础

与工程应用

·电机及电气控制

（第2版）

电子工业出版社

Publishing House of Electronics Industry

北京·BEIJING

内 容 简 介

本书根据高等院校电子、电气相关专业"十二五"规划教材建设的精神和教学的需要,以职业岗位群的基本知识和核心技能为出发点,按照"工学结合、教学做一体化"的教学理念,本着"理论以必需、够用,注重实践应用"的原则,突出应用性、综合性和先进性,同时引入仿真,通过大量反映生产实际的例子对其进行仿真,培养学生选择、设计和调试电路的能力,增强工程意识。

本书主要内容包括异步电动机、直流电动机、控制电机、电动机的继电控制、可编程控制器及其应用、工业企业供电与安全用电、EDA技能训练等知识。

本书可作为高等学校电子、电气相关专业的教学用书,也可供电子、电气专业的工程技术人员参考使用。

图书在版编目(CIP)数据

电工技术基础与工程应用·电机及电气控制/戚新波主编. —2版. —北京:电子工业出版社,2013.5

(卓越工程师培养计划)

ISBN 978-7-121-20264-3

Ⅰ. ①电… Ⅱ. ①戚… Ⅲ. ①电工技术－高等学校－教材②电机学－高等学校－教材③电气控制－高等学校－教材 Ⅳ. ①TM

中国版本图书馆 CIP 数据核字(2013)第 085880 号

责任编辑:张 剑(zhang@phei.com.cn)

印 刷:三河市鑫金马印装有限公司

装 订:三河市鑫金马印装有限公司

出版发行:电子工业出版社

北京市海淀区万寿路 173 信箱 邮编 100036

开 本:787×1092 1/16 印张:9.25 字数:200 千字

版 次:2011 年 3 月第 1 版

2013 年 5 月第 2 版

印 次:2017 年 1 月第 3 次印刷

印 数:1000 册 定价:25.00 元

前　言

　　本书编者为长期从事高等职业教育的教师和生产一线的工程技术人员，本书以职业岗位群的基本知识和核心技能为出发点，按照"工学结合、教学做一体化"的教学理念，本着"理论以必需、够用，注重实践应用"的原则，突出应用性、综合性和先进性，同时引入仿真，通过大量反映生产实际的例子对其进行仿真，培养学生选择、设计和调试电路的能力，增强工程意识。

　　本书由戚新波任主编，张文豪、齐山成、蒋炜华任副主编。河南工学院张文豪编写第1章、第2章和第3章的第1节和第2节；河南工学院齐山成编写第3章的第3节和第4节、第4章和第5章；河南工学院蒋炜华编写第6章和第7章，全书由戚新波教授统稿和主审。

　　本书在编写过程中，曾得到河南省电力公司和河南工学院其他院系同行们的支持和帮助，在此一并致谢。

　　由于编者水平有限，书中错误和不妥之处在所难免，恳请读者批评、指正。

编　者

目　　录

第1章　异步电动机

　　电动机是利用电磁感应原理，把电能转换为机械能的旋转装置。根据电动机所使用的电源的性质可分为直流电动机和交流电动机两大类。交流电动机又可分为同步电动机和异步电动机两种。异步电动机又有三相和单相之分。

　　异步电动机是交流电动机的一种。异步电动机是工业、农业、国防，乃至日常生活和医疗器械中应用最广泛的一种电动机，它的主要作用是驱动生产机械和生活用具。其单机容量可从数十瓦到数千千瓦。随着电气化和自动化程度的不断提高，异步电动机将占有越来越重要的地位。据统计，在供电系统的动力负载中，约有70%是异步电动机，可见它在工农业生产乃至日常生活中的重要性。异步电动机是一种交流电动机，其电动机的转子转速总落后于电动机的同步转速，故称为异步电动机。异步电动机有许多突出的优点，和其他各种电动机相比，它的结构简单，制造、使用和维护方便，效率较高，价格低廉。因此，从应用的角度来讲，了解异步电动机的工作原理，掌握它的运行性能是十分必要的。本章将着重讨论三相异步电动机，并对单相异步电动机的工作原理作简要的介绍。

1.1　三相异步电动机的结构与工作原理

1.1.1　三相异步电动机的基本构造

　　三相异步电动机主要由两部分组成，固定不动的部分称为电动机定子；旋转并拖动机械负载的部分称为电动机转子。转子和定子之间有一个非常小的空气气隙将转子和定子隔离开来，根据电动机的容量的大小不同，气隙一般在 0.4~4mm 的范围内。电动机转子和定子之间没有任何电气上的联系，能量的传递全靠电磁感应作用，所以这样的电动机也称为感应式电动机。三相异步电动机的外形和结构如图 1-1 所示。

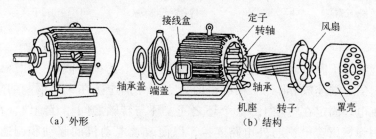

（a）外形　　　　　（b）结构

图 1-1　三相异步电动机的外形和结构

1. 定子

电动机定子由支撑空心定子铁心的钢制机座、定子铁心和定子绕组线圈组成。定子铁心由0.5mm厚的硅钢片叠装而成。定子铁心上的插槽是用来嵌放对称三相定子绕组线圈的。三相异步电动机的定子构造如图1-2所示。

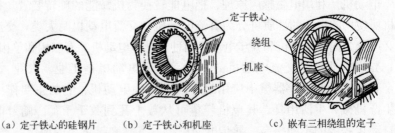

（a）定子铁心的硅钢片　（b）定子铁心和机座　（c）嵌有三相绕组的定子

图1-2　三相异步电动机的定子构造

定子绕组是定子的电路部分，中小型电动机一般采用漆包线（或丝包漆包线）绕制，共分3组，分布在定子铁心槽内，它们在定子内圆周空间的排列彼此相隔120°，构成对称的三相绕组。

2. 转子

电动机转子由转子铁心、转子绕组和转轴组成。转子铁心由表面冲槽的硅钢片叠装成圆柱形。转子铁心装在转轴上，转轴拖动机械负载。转子、气隙和定子铁心构成了一个电动机的完整磁路。

异步电动机的转子有两种形式，即笼型转子和绕线转子。

笼型转子是在转子铁心槽里插入铜条，再将全部铜条两端焊在两个铜端环上，以构成闭合回路。抽去转子铁心，剩下的铜条及其两边的端环，其形状像个鼠笼，故称之为笼型转子，如图1-3所示。为了节省铜材，现在中小容量的笼型转子是在转子铁心的槽中浇注铝液铸成笼型导体，以代替铜制笼体。

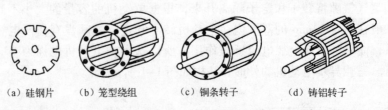

（a）硅钢片　（b）笼型绕组　（c）铜条转子　（d）铸铝转子

图1-3　笼型转子

绕线转子同电动机的定子一样，都是在铁心的槽中嵌入三相绕组，三相绕组的一端连成Y形，三相绕组的另一端分别连接在3个铜制的集电环上，集电环固定在转轴上，3个环之间及环与转轴之间相互绝缘，在集电环上用弹簧压着电刷与外电路连接，以便改善电动机的起动和调速特性，如图1-4所示。

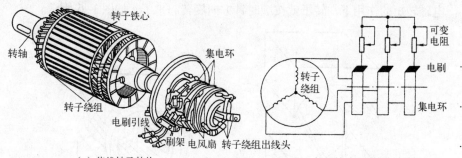

（a）绕线转子结构　　　　　　（b）绕线转子回路接线示意图

图 1-4　绕线转子

　　一般把笼型转子的异步电动机称为笼型感应电动机，把绕线转子的异步电动机称为绕线转子感应电动机。虽然笼型感应电动机与绕线转子感应电动机在转子构造上有所不同，但它们的工作原理是一样的。

【说明】　笼型感应电动机由于转子结构简单，因而价格低廉、工作可靠。如果对电动机的起动和调速没有特殊的要求，一般在实际应用中，笼型感应电动机应用得最为广泛。所以在本书中以介绍笼型感应电动机为主。

1.1.2　三相异步电动机的工作原理

1. 电动机的转动原理

　　三相异步电动机转动的一般原理是基于法拉第电磁感应定律和载流导体在磁场中会受到电磁力的作用这两个基本因素。如图 1-5 所示，N 和 S 是一对永久磁铁的磁极，这对磁极以转速 n_0 按顺时针方向进行旋转，从而形成一个转速为 n_0 的旋转磁场。当磁场转动时，放置在磁场中的铜制绕组上、下两根导条与旋转磁场就有了相对运动并切割旋转磁场的磁力线，于是在这两根导条上就产生了感应电动势，其方向符合发电机右手定则。

$$E = Blv \tag{1-1}$$

式中：E——感应电动势，单位为 V；

　　　B——磁感应强度，单位为 T；

　　　l——导条长度，单位为 m；

　　　v——导条切割磁力线的相对速度，单位为 m/s。

　　由于铜制绕组形成一个闭合回路，因此在感应电动势的作用下，绕组的上、下两根导条中就出现了如图 1-5 所示方向的感应电流。磁场中的载流导体将受到电磁力的作用，根据左手定则，上、下两根导条所受电磁力的方向如图 1-5 所示。在图中可以看出，N 极下的导条受力方向是朝向右，而 S 极下的导条受力方向是朝向左。这一对力形成一个顺时针方向的转矩。如果把异步电动机的笼型转子放置在旋转磁场中，用笼型转子代替绕组，不难想象，当磁场旋转时，在磁极经过下的每对导条都会产生这样的电磁转矩，在这些

电磁转矩的作用下，转子就按顺时针方向旋转起来了，如图1-6所示。

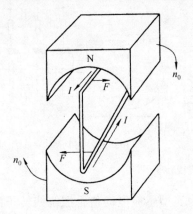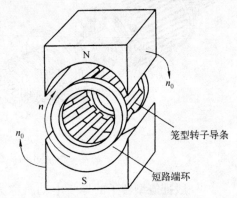

图1-5　单个绕组在磁场中的受力示意图　　图1-6　异步电动机转动原理示意图

当然，如果磁场按逆时针方向旋转，转子也将按逆时针方向旋转。由此可见，转子的旋转方向与旋转磁场的旋转方向是相同的。

虽然转子同旋转磁场彼此隔离，但从上面的叙述可知，由于有了一个旋转的磁场，在转子的导条中产生了感应电流，而流过电流的导条又在磁场中受到电磁力的作用，产生电磁转矩，从而使转子转动起来。这就是感应式电动机转动的一般原理。

【说明】　转子的旋转速度 n（即电动机的旋转速度）比旋转磁场的旋转速度 n_0（一般称为同步转速）要低一些。这是因为如果这两种转速相等，转子和旋转磁场就没有了相对运动，转子导条将不切割磁力线，便不能产生感应电动势，也就不能产生感应电流，这样就没有电磁转矩，转子将不会继续旋转。因此，若要转子旋转，旋转磁场和转子之间就一定存在转差，即转子的旋转速度总要落后于旋转磁场的旋转速度。由于转子的旋转速度不同于且低于旋转磁场的转速，所以称这种电动机为异步电动机。

2. 旋转磁场的产生

从上面分析可知，若要使异步电动机的转子转动，首先应当有一个旋转磁场。在实际应用的异步电动机中是不可能使用一个旋转的永久磁铁来产生旋转磁场的，它的磁场是由三相对称交流电流通入静止的三相对称绕组而产生的空间旋转磁场。

通常在三相异步电动机的定子铁心中放置三相对称绕组 AX、BY 和 CZ，将三相绕组作星形联结，并接在三相正弦交流电源上，通入三相对称电流：

$$i_A = I_m \sin\omega t$$
$$i_B = I_m \sin(\omega t - 120°)$$
$$i_C = I_m \sin(\omega t + 120°)$$

其波形如图1-7所示。为了简化起见，设每相绕组只有一个线匝，3个绕

组分别嵌放在定子铁心圆周上在空间位置上互差120°对称分布的6个凹槽中。取绕组始端到末端的方向作为电流的参考方向。在电流的正半周时，其值为正，其实际方向与参考方向一致；在负半周时，其值为负，其实际方向与参考方向相反。

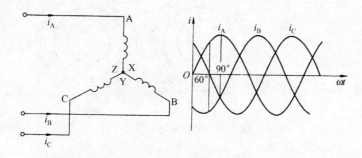

图 1-7　三相对称电流

当 $\omega t = 0°$ 时，定子绕组中的电流方向如图 1-8（a）所示。这时 $i_A = 0$；i_B 为负值，其方向与参考方向相反，即从 Y 端流入，在 B 端流出；i_C 为正值，其方向与参考方向一致，即从 C 端流入，在 Z 端流出。根据电流的流向，应用右手螺旋定则，由 i_C 和 i_B 产生的合成磁场如图 1-8（a）所示，合成磁场的轴线方向是自上而下。

当 $\omega t = 60°$ 时，定子绕组中电流的方向和三相电流的合成磁场的方向如图 1-8（b）所示，这时的合成磁场已在空间上转过了60°。

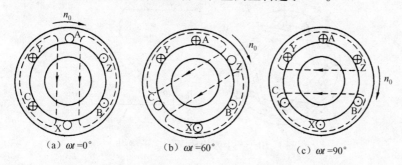

图 1-8　三相电流产生的旋转磁场（$p=1$）

同理，可得在 $\omega t = 90°$ 时的三相电流的合成磁场，它比 $\omega t = 60°$ 时的合成磁场在空间又转过了30°，如图 1-8（c）所示。

由此可知，当定子绕组中通入三相电流后，它们共同产生的合成磁场随电流的交变而在空间不断地旋转着，这就是旋转磁场。这种旋转磁场同磁极在空间旋转（图 1-6）所起的作用是一样的。

3. 旋转磁场的转向

图 1-8（c）所示的情况是 A 相电流 $i_A = +I_m$，这时旋转磁场轴线的方向恰好与 A 相绕组的轴线一致。在三相电流中，电流出现正幅值的顺序为 A→B→C，因此磁场的旋转方向是与这个顺序一致的，即磁场的转向与通入绕组的三相电流的相序有关。

如果将同三相电源连接的 3 根导线中的任意两根的一端对调位置（如对调了 B 与 C 两相），则电动机三相绕组的 B 相与 C 相对调（注意：电源端子的相序未变），旋转磁场因此反转，如图 1-9 所示。

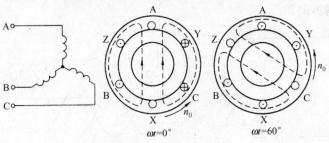

图 1-9　旋转磁场的反转

4. 旋转磁场的极数

三相异步电动机的极数就是旋转磁场的极数。旋转磁场的极数和三相绕组的安排有关。在图 1-8 所示的情况下，每相绕组只有一个线圈，绕组的始端之间相差 120°空间角，则产生的旋转磁场只有一对极，即 $p=1$（磁极对数）。如将定子绕组安排成如图 1-10 那样，即每相绕组有两个线圈串联，绕组的始端之间相差 60°空间角，则产生的旋转磁场具有两对极，即 $p=2$，如图 1-11 所示。

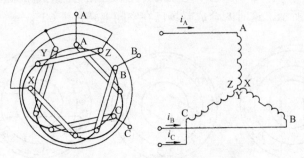

图 1-10　产生四极磁场的定子绕组

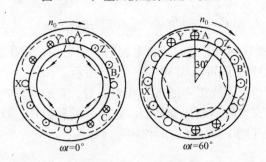

图 1-11　三相电流产生的旋转磁场（$p=2$）

5. 旋转磁场的转速

三相异步电动机的转速与旋转磁场的转速有关，而旋转磁场的转速决定于磁场的极数。在一对极的情况下，由图 1-9 可知，当电流从 $\omega t=0°$ 到

$\omega t = 60°$ 经历了 $60°$ 时，磁场在空间也旋转了 $60°$。当电流交变了一次（一个周期）时，磁场恰好在空间旋转了一转。设电流的频率为 f_1，即电流每秒交变 f_1 次或每分交变 $60f_1$ 次，则旋转磁场的转速为 $n_0 = 60f_1$。转速的单位为转每分（r/min）。

由此推知，当旋转磁场具有 p 对极时，旋转磁场的转速为

$$n_0 = \frac{60f_1}{p} \tag{1-2}$$

旋转磁场的转速称为异步电动机的同步转速 n_0，它与旋转磁场的磁极对数 p 及通入的三相对称电流的频率 f_1 有关。通常对于一台具体的异步电动机，f_1 和 p 都是确定的，所以磁场同步转速 n_0 为常数。在我国，工频 $f_1 = 50\text{Hz}$，于是由式（1-2）可得出对应于不同极对数 p 的旋转磁场转速 n_0（r/min）。

6. 转差率

从三相异步电动机的工作原理可知，虽然电动机的转动方向同旋转磁场的转动方向相同，但旋转磁场的同步转速 n_0 与电动机转速 n 是不同的。电动机的转速 n 低于旋转磁场的同步转速 n_0。旋转磁场的同步转速 n_0 与电动机转速 n 之差（$n_0 - n$），用符号 Δn 表示，称为转速差（简称转差）。转差与同步转速的比值称为转差率，用 s 表示，即

$$s = \frac{n_0 - n}{n_0} = \frac{\Delta n}{n_0} \tag{1-3}$$

转差率 s 表示电动机转子转速 n 与旋转磁场转速 n_0 相差的程度。转差率是异步电动机的一个重要的物理量，转子转速越接近磁场转速，则转差率越小。一般情况下，运行中的三相异步电动机的额定转速与同步转速相近，所以转差率很小。通常，不同容量的异步电动机在额定负载时的转差率约为 $1\% \sim 9\%$。

【例1-1】 有一台三相异步电动机接在频率 $f_1 = 50\text{Hz}$ 的三相电源上，额定负载时的转速为 $n = 1462\text{r/min}$。试求该电动机的极对数和转差率。

【解】 由于异步电动机额定转速接近且略小于同步转速，$f_1 = 50\text{Hz}$，由式（1-2）可知，与 1462r/min 最接近的同步转速为 $n_0 = 1500\text{r/min}$，相对应的磁极对数 $p = 2$。因此，额定负载时的转差率为

$$s = \frac{n_0 - n}{n_0} = \frac{1500 - 1462}{1500} \times 100\% \approx 2.5\%$$

✓⁺ 1.2　三相异步电动机的转矩与机械特性

图 1-12 所示的是三相异步电动机的每相等效电路图。和变压器相比，定子绕组相当于变压器的一次绕组，转子绕组（一般是短接的）相当于二

次绕组。三相异步电动机中的电磁关系与变压器中的类似。当定子绕组接上三相电源电压时，则有三相电流通过。定子三相电流产生旋转磁场，其磁通通过定子铁心和转子铁心而闭合。该磁场不仅在转子每相绕组中要感应出电动势 E_2，而且在定子每相绕组中也要感应出电动势 E_1。此外，还有漏磁通在定子绕组和转子绕组中产生漏磁电动势 $E_{\sigma1}$ 和 $E_{\sigma2}$。

定子和转子每相绕组的匝数分别为 N_1 和 N_2。

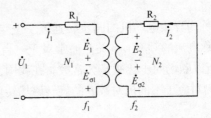

图 1-12　三相异步电动机的每相等效电路图

1.2.1　定子电路

如图 1-12 所示，定子每相电路的电压方程和变压器一次绕组电路一样，即

$$\dot{U}_1 = R_1 \dot{I}_1 + (-\dot{E}_{\sigma1}) + (-\dot{E}_1) = R_1 \dot{I}_1 + jX_1 \dot{I}_1 + (-\dot{E}_1) \qquad (1-4)$$

式中，R_1 和 X_1 分别为定子每相绕组的电阻和漏感抗。

和变压器一样，忽略电阻和漏感抗上的压降，也可得出

$$\dot{U} \approx -\dot{E}_1 \text{ 和 } E_1 = 4.44 K_1 f_1 N_1 \varPhi_m \approx U_1 \qquad (1-5)$$

式中，$\varPhi_m$ 是通过每相绕组的磁通最大值，在数值上它等于旋转磁场的每极磁通；K_1 是定子绕组的分布系数；f_1 是定子频率。

1.2.2　转子电路

在图 1-12 中，由于转子短路，转子的端电压 $\dot{U}_2 = 0$，则转子每相电路的电压方程为

$$\dot{E}_2 = R_2 \dot{I}_2 + (-\dot{E}_{\sigma2}) = R_2 \dot{I}_2 + jX_2 \dot{I}_2 \qquad (1-6)$$

式中，R_2 和 X_2 分别为转子电路的电阻和漏感抗。转子电路的各个物理量对电动机的性能都有影响。

1. 转子频率 f_2

因为旋转磁场和转子间的相对转速为 $(n_0 - n)$，所以转子频率

$$f_2 = \frac{p(n_0 - n)}{60} = \frac{n_0 - n}{n_0} \times \frac{pn_0}{60} = sf_1 \qquad (1-7)$$

可见转子频率 f_2 与转差率 s 有关，也就是与转速 n 有关。

在 $n = 0$，即 $s = 1$ 时（电动机起动瞬间），转子与旋转磁场间的相对转

速最大，转子导条被旋转磁通切割得最快。因此，这时 f_2 最大，即 $f_2 = f_1$。异步电动机在额定负载时，$s = 1\% \sim 9\%$，则 $f_2 = 0.5 \sim 4.5\mathrm{Hz}$。

2. 转子电动势 E_2

转子电动势 E_2 的有效值为

$$E_2 = 4.44K_2f_2N_2\Phi_\mathrm{m} = 4.44K_2sf_1N_2\Phi_\mathrm{m} \qquad (1-8)$$

式中，K_2 是转子绕组的分布系数。

在 $n = 0$，即 $s = 1$ 时，转子电动势为

$$E_{20} = 4.44K_2f_1N_2\Phi_\mathrm{m} \qquad (1-9)$$

这时 $f_2 = f_1$，转子电动势最大。

由式（1-8）和式（1-9）可得出

$$E_2 = sE_{20} \qquad (1-10)$$

可见转子电动势 E_2 与转差率 s 有关。

3. 转子感抗 X_2

转子感抗 X_2 与转子频率 f_2 有关，即

$$X_2 = 2\pi f_2L_{\sigma2} = 2\pi sf_1L_{\sigma2} \qquad (1-11)$$

式中，$L_{\sigma2}$ 为转子漏电感。

在 $n = 0$，即 $s = 1$ 时，转子感抗为

$$X_{20} = 2\pi f_1L_{\sigma2} \qquad (1-12)$$

这时 $f_2 = f_1$，转子感抗最大。

由式（1-11）和式（1-12）可得出

$$X_2 = sX_{20} \qquad (1-13)$$

可见，转子感抗 X_2 与转差率 s 有关。

4. 转子电流 I_2

转子每相电路的电流可由式（1-6）得出，即

$$I_2 = \frac{E_2}{\sqrt{R_2^2 + X_2^2}} = \frac{sE_{20}}{\sqrt{R_2^2 + (sX_{20})^2}} \qquad (1-14)$$

可见转子电流 I_2 也与转差率 s 有关。当 s 增大，即转速 n 降低时，转子与旋转磁场间的相对转速（$n_0 - n$）增加，转子导体切割磁通的速度提高，于是 E_2 增加，I_2 也增加。I_2 随 s 变化的关系可用图 1-13 所示的曲线表示。当 $s = 0$，即 $n_0 - n = 0$ 时，$I_2 = 0$；当 s 很小时，$R_2 \gg sX_{20}$，$I_2 \approx \frac{sE_{20}}{R_2}$，即与 s 近似地成正比；当 s 接近 1 时，$sX_{20} \gg R_2$，$I_2 \approx \frac{E_{20}}{X_{20}} =$ 常数。

5. 转子电路的功率因数 $\cos\varphi_2$

由于转子有漏磁通，相应的感抗为 X_2，因此 $\dot{I}_2$ 比 $\dot{E}_2$ 滞后 φ_2 角。因

而转子电路的功率因数为

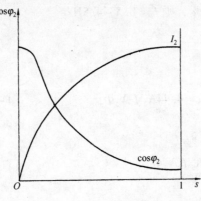

图 1-13　I_2，$\cos\varphi_2$ 与转差率 s 的关系

$$\cos\varphi_2 = \frac{R_2}{\sqrt{R_2^2 + X_2^2}} = \frac{R_2}{\sqrt{R_2^2 + (sX_{20})^2}}$$

$$(1-15)$$

它也与转差率 s 有关。当 s 增大时，X_2 也增大，于是 φ_2 增大，即 $\cos\varphi_2$ 减小。$\cos\varphi_2$ 随 s 的变化关系也如图 1-13 所示。当 s 很小时，$R_2 \gg sX_{20}$，$\cos\varphi_2 \approx 1$；当 s 接近于 1 时

$$\cos\varphi_2 \approx \frac{R_2}{sX_{20}}$$

即二者之间近似地有双曲线关系。

由此可知，转子电路的各个物理量，如电动势、电流、频率、感抗及功率因数等都与转差率有关。

1.2.3　转矩公式

电磁转矩 T 是三相异步电动机的最重要的物理量之一，异步电动机的转矩是由旋转磁场的每极磁通与转子电流 I_2 相互作用而产生的。但因转子电路是电感性的，转子电流 $\dot{I}_2$ 比转子电动势 $\dot{E}_2$ 滞后 φ_2 角；又因

$$T = \frac{P_{em}}{\Omega_0} = \frac{P_{em}}{\dfrac{2\pi n_0}{60}}$$

$$(1-16)$$

电磁转矩 T 与电磁功率 P_{em} 成正比，和讨论有功功率一样，也要引入 $\cos\varphi_2$。于是得出

$$T = K_T \Phi I_2 \cos\varphi_2$$

$$(1-17)$$

式中，K_T 是转矩常数，它与电动机的结构有关。

由式（1-17）可知，转矩 T 除与磁通 Φ 成正比外，还与 $I_2\cos\varphi_2$ 成正比。

再根据式（1-5）、式（1-9）、式（1-14）和式（1-15），可知

$$\Phi = \frac{E_1}{4.44K_1 f_1 N_1} \approx \frac{U_1}{4.44K_1 f_1 N_1} \propto U_1$$

$$I_2 = \frac{sE_{20}}{\sqrt{R_2^2 + (sX_{20})^2}} = \frac{s(4.44K_2 f_1 N_2 \Phi)}{\sqrt{R_2^2 + (sX_{20})^2}}$$

$$\cos\varphi_2 = \frac{R_2}{\sqrt{R_2^2 + X_2^2}} = \frac{R_2}{\sqrt{R_2^2 + (sX_{20})^2}}$$

由于 I_2 和 $\cos\varphi_2$ 与转差率 s 有关，所以转矩 T 也与 s 有关。

如果将上述 3 式代入式（1-17），则得出转矩的另一个表达式

$$T = \frac{K_T K_2 N_2}{4.44 f_1 K_1^2 N_1^2} \times \frac{sR_2 U_1^2}{R_2^2 + (sX_{20})_2} = K \frac{sR_2 U_1^2}{R_2^2 + (sX_{20})^2}$$

$$(1-18)$$

式中，$K = \dfrac{K_T K_2 N_2}{4.44 f_1 K_1^2 N_1^2}$ 是一个常数。

由式（1-18）可见，转矩 T 还与定子每相电压 U_1 的二次方成正比，所以当电源电压有所波动时，对转矩的影响很大。此外，转矩 T 还受转子电阻 R_2 的影响。

1.2.4　机械特性曲线

三相异步电动机的机械特性是指电动机的转速 n 与电磁转矩 T 之间的关系，即 $n = f(T)$。因为异步电动机的转速 n 与转差率 s 之间存在着一定的关系，所以异步电动机的机械特性通常也用 $T = f(s)$ 的形式表示，即可用式（1-18）来表示，其在坐标系中的曲线称为异步电动机的机械特性曲线，如图 1-14 所示（纵坐标可以是转速，也可以是转差率）。

研究机械特性的目的是为了分析电动机的运行性能。在机械特性曲线上，主要讨论以下 3 个问题。

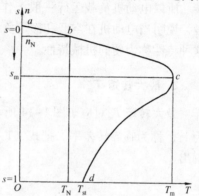

图 1-14　三相异步电动机的
机械特性曲线

1. 额定转矩 T_N

在电动机额定运行时，电动机的转矩 T 必须与电动机所受到的阻转矩 T_L 相平衡，即

$$T = T_L$$

阻转矩主要是机械负载转矩 T_2。此外，还包括空载损耗转矩（主要是机械损耗转矩）T_0。由于 T_0 很小，常可忽略，所以

$$T = T_2 + T_0 \approx T_2 \qquad (1-19)$$

并由此得

$$T \approx T_2 = \dfrac{P_2}{\dfrac{2\pi n}{60}}$$

式中，P_2 是电动机轴上输出的机械功率。上式中，转矩的单位是牛米（N·m）；功率的单位是瓦（W）；转速的单位是转每分（r/min）。如果功率以千瓦（kW）为单位，则得出

$$T = 9550 \times \dfrac{P_2}{n} \qquad (1-20)$$

额定转矩是电动机在额定负载时的转矩。额定转矩对应于图 1-14 所示机械特性上的 b 点。额定负载转矩可从电动机铭牌数据给出的额定功率 P_N

（注意：电动机铭牌数据给出的功率是输出到转轴上的机械功率，而不是电动机消耗的电功率）和额定转速 n_N 求得。由式（1-20）得

$$T_N = 9550 \times \frac{P_N}{n_N}$$

在电动机运行过程中，负载通常会变化，如电动机机械负载增加时，打破了电磁转矩和负载转矩间的平衡，这时负载转矩大于电磁转矩，电动机的速度将下降，这时旋转磁场对于转子的相对速度加大，旋转磁场切割转子导条的速度加快，这将导致转子电流 I_2 增大，从而使电磁转矩 T 增大，直到同负载转矩相等，这样电动机在一个略低于原来转速的速度下平稳运转。所以电动机负载运行一般工作在图 1-14 所示机械特性较为平坦的 ac 段，说明当电动机在空载和额定负载之间变化时，电动机的速度变化不大，这种特性称为硬的机械特性。

2. 最大转矩 T_m

最大转矩 T_m 对应于图 1-14 所示机械特性上的 c 点，该点对应的转差率为 s_m，称为临界转差率。把式（1-18）对 s 进行求导，并令其导数等于零，解出

$$s_m = \frac{R_2}{X_{20}} \tag{1-21}$$

将式（1-21）代入式（1-18），则得

$$T_m = K\frac{U_1^2}{2X_{20}} \tag{1-22}$$

由式（1-18）、式（1-21）和式（1-22）可得出以下结论。

☺ 在给定电源频率 f_1 一定的情况下，电磁转矩 T 正比于相电压 U_1 的二次方。电源电压的波动对电磁转矩的影响很大。

☺ 产生最大转矩的临界转差率 s_m 与外加电源电压 U_1 无关，而与转子电阻 R_2 成正比，与 X_{20} 成反比。

☺ 最大转矩 T_m 与电源电压 U_1 的二次方成正比，与 X_{20} 成反比，而与转子电阻 R_2 无关。

如图 1-15 所示，当转子电阻 R_2 一定，减小电源电压 U_1 时，最大转矩 T_m 随之变小，而临界转差率 s_m 却不变。在图 1-16 中，保持电源电压 U_1 不变，增加转子电阻 R_2，可以看到机械特性的最大转矩 T_m 不变，而临界转差率 s_m 却随之增加。

当异步电动机的负载转矩超过最大转矩 T_m 时，电动机将发生"堵转"的现象，此时电动机的电流是额定电流的数倍，若时间过长，电动机剧烈发热，以致烧坏。电动机负载转矩超过最大转矩 T_m 称为过载，常用过载系数 λ_m 来标定异步电动机的过载能力，即

$$\lambda_m = \frac{T_m}{T_N} \tag{1-23}$$

一般三相异步电动机的过载系数 $\lambda_m = 1.6 \sim 2.5$。

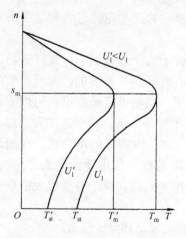
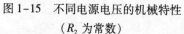

图 1-15　不同电源电压的机械特性
（R_2 为常数）

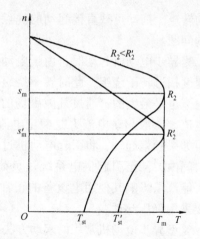

图 1-16　不同转子电阻的机械特性
（U_1 为常数）

3. 起动转矩 T_{st}

电动机刚起动（$n = 0$，$s = 1$）时的转矩称为起动转矩，如图 1-14 中的 d 点。根据式（1-18）得

$$T_{st} = K \frac{R_2 U_1^2}{R_2^2 + (sX_{20})^2} \qquad (1-24)$$

起动转矩 T_{st} 是电动机运行性能的重要指标。因为起动转矩的大小将直接影响到电机拖动系统的加速度的大小和加速时间的长短，如果起动转矩小，电动机的起动变得十分困难，有时甚至难以起动。

由式（1-24）可以看出，异步电动机的起动转矩 T_{st} 同电源电压的 U_1 二次方成正比，并与转子电阻 R_2 有关。当电源电压 U_1 降低时，起动转矩 T_{st} 会明显降低，如图 1-15 所示。结合刚才讨论过的最大转矩可以看出，异步电动机对电源电压的波动十分敏感，运行时，如果电源电压降得太多，会大大降低异步电动机的过载和起动能力，这个问题在使用异步电动机时要充分重视。

当转子电阻 R_2 适当增大时，最大转矩 T_m 没有变化（最大转矩同 R_2 无关），但起动转矩 T_{st} 会增大，如图 1-16 所示。这是因为转子电路电阻 R_2 增加后，提高了转子回路的功率因数，转子电流的有功分量增大（此时 E_{20} 一定），因而起动转矩 T_{st} 增大。通常将机械特性上的起动转矩与额定转矩之比称为起动转矩系数 λ_{st}，即

$$\lambda_{st} = \frac{T_{st}}{T_N} \qquad (1-25)$$

起动转矩系数 λ_{st} 是衡量电动机起动能力的重要数据，一般 $\lambda_{st} = 1 \sim 1.2$。

✓⁺ 1.3　三相异步电动机的起动

异步电动机由静止状态过渡到稳定运行状态的过程称为异步电动机的起动。起动是异步电动机应用中重要的物理过程之一。异步电动机在使用过程中，总是需要起动和停机，虽然三相异步电动机具有可以产生一定的

起动转矩、拖动负载直接起动的优点，但它的起动电流过大则是必须要解决的问题。

当异步电动机起动时，由于电动机转子处于静止状态，旋转磁场以最快速度扫过转子绕组，此时转子绕组感应电动势是最高的，因而产生的感应电流也是最大的，通过气隙磁场的作用，电动机定子绕组也出现非常大的电流。一般起动电流 I_{st} 是额定电流 I_N 的 5～7 倍。对于这样大的起动电流，如果频繁起动，将引起电动机过热。对于大容量的电动机，在起动这段时间内，甚至引起供电系统过负荷，电源线的线电压因此而产生波动，这可能严重影响其他用电设备的正常工作。因此，对于容量较大的电动机需要采用降压起动。

笼型异步电动机常用的起动方法有直接起动和降压起动。

1. 直接起动

直接起动就是用刀开关和交流接触器将电动机直接接到具有额定电压的电源上。此时 I_{st} 是额定电流 I_N 的 5～7 倍。

直接起动法的优点是操作简单，无须很多的附属设备；主要缺点是起动电流较大。笼型异步电动机能否直接起动，要视三相电源的容量而定。一般情况下，10kW 以上的异步电动机不允许直接起动，必须采用能够减小起动电流的其他的起动方法。

2. 降压起动

降压起动是用降低异步电动机端电压的方法来减小起动电流。由于异步电动机的起动转矩与端电压的二次方成正比，所以采用此方法时，起动转矩同时减小，因此该方法只适用于对起动转矩要求不高的场合，即空载或轻载的场合。

笼型感应电动机常用的降压起动方法有以下 3 种。

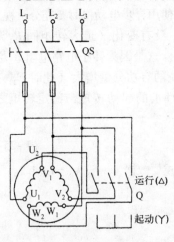

图 1-17　Y-△起动电路

1) Y-△降压起动

Y-△降压起动适用于正常运行时绕组为三角形联结的电动机，电动机的三相绕组的 6 个出线端都要引出，并接到转换开关上。起动时，将正常运行时三角形联结的定子绕组改接为星形（Y）联结，起动结束后再换为三角形（△）联结。这种方法只适用于中小型笼型感应电动机。图 1-17 所示的是这种方法的原理接线图。

Y-△降压起动时，电动机定子绕组星形联结，电动机每相定子绕组上的电压是电源线电压 U_1 的 $\dfrac{1}{\sqrt{3}}$，此时电路的线电流等于相电流，即流过每个绕组的电流（这里的 Z 是每相绕组的等效阻抗）为

$$I_{1Y} = \frac{U_1/\sqrt{3}}{|Z|} \tag{1-26}$$

当定子绕组接成三角形时，即直接起动时

$$I_{1\triangle} = \sqrt{3}\, I_{1Y} = \sqrt{3}\, \frac{U_1}{|Z|} \tag{1-27}$$

比较上述两式，可得

$$\frac{I_{1Y}}{I_{1\triangle}} = \frac{1}{3} \tag{1-28}$$

即降压起动时的电流为直接起动时的 1/3。

2）自耦变压器降压起动

自耦变压器降压起动电路如图 1-18 所示。

三相自耦变压器接成星形，用一个六刀双掷转换开关来控制变压器接入或脱离电路。起动时把 Q 扳至"起动"位置，使三相交流电源接入自耦变压器的一次侧，而电动机的定子绕组接到自耦变压器的二次侧，这时电动机得到的电压低于电源电压，因而减小了起动电流，待电动机的转速升高后，把 Q 从起动位置迅速扳至"运行"位置，使定子绕组直接与电源相连，而自耦变压器则与电路脱开。

自耦变压器降压起动时，电动机定子电压降为直接起动时的 $1/K$（K 为变压比），定子电流降为直接起动时的 $1/K^2$。

起动用的专用自耦变压器设备称为起动补偿器，它通常有 2～3 个抽头，输出不同的电压，如分别为电源电压的 80%、60% 和 40%，可供用户选用。

自耦变压器降压起动的优点是起动电压可根据需要选择，但设备较笨重，一般只用于大容量起动的场合。

3）软起动

软起动是近年来随着电子技术的发展而出现的新技术，起动时通过软起动器（一种晶闸管调压装置）使电压从某一较低值逐渐上升至额定值，起动后再用旁路接触器 KM 使电动机投入正常运行，如图 1-19 所示。图中 FU_1 是普通熔断器，而 FU_2 是快速熔断器，是保护软起动器用的。

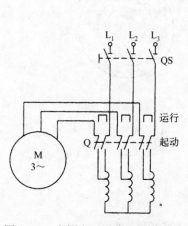

图 1-18　自耦变压器降压起动电路

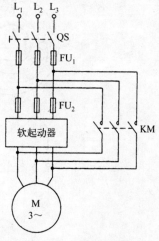

图 1-19　软起动电路

✓⁺ 1.4　三相异步电动机的调速

　　调速就是电动机在同一负载下得到不同的转速，以满足生产过程的需要。有些生产机械，为了加工精度的要求，如机床，需要精确调整转速。另外，像鼓风机、水泵等流体机械，根据所需流量调节其速度，可以节省大量电能。所以三相异步电动机的速度调节是它的一个非常重要的应用方面。

　　由式（1-3）得到异步电动机的转速公式：

$$n = n_0(1-s) = \frac{60f_1}{p}(1-s) \tag{1-29}$$

　　由式（1-29）可知，异步电动机可以通过3种方式进行调速：改变电动机旋转磁场的磁极对数 p 调速；改变供电电源的频率 f_1 调速；改变转差率 s 调速。下面分别介绍这3种调速方法。

1. 变极调速

　　变极调速就是改变电动机旋转磁场的磁极对数 p，从而使电动机的同步转速发生变化而实现电动机的调速，通常通过改变电动机定子绕组的联结来实现。这种方法的优点是操作设备简单（转换开关），缺点是只能有级调速，因而调速的级数不可能多，因此只适用于不要求平滑调速的场合。

　　改变绕组的联结可以有多种形式，可以在定子上安装一套能变换为不同极对数的绕组，也可以在定子上安装两套不同极对数的单独绕组，还可以混合使用这两种方法以得到更多的转速。

　　图 1-20 所示的是定子绕组的两种接法。把 A 相绕组分成两半：线圈 A_1X_1 和 A_2X_2。图 1-20（a）中是两个线圈串联，得到 $p=2$。图 1-20（b）是两个线圈并联，得出 $p=1$。在换极时，一个线圈中的电流方向不变，而另一个线圈中的电流方向必须改变。

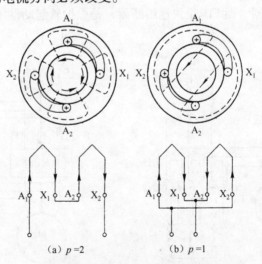

(a) $p=2$　　　　　(b) $p=1$

图 1-20　定子绕组的两种接法

【注意】 变极调速只适用于笼型感应电动机，因为笼型转子的磁极对数能自动随定子绕组磁极对数变化而变化。

2. 变频调速

异步电动机的变频调速是一种很好的调速方法。异步电动机的转速正比于电源的频率 f_1，若连续调节电动机供电电源的频率，即可连续改变电动机的转速。

近年来变频技术发展很快，目前主要采用如图 1-21 所示的变频调速装置。它主要由整流器和逆变器两大部分组成。整流器先将频率 f 为 50Hz 的三相交流电变换为直流电，再由逆变器变换为频率可调且 U/f 保持不变的三相交流电，供给三相笼型感应电动机。由此可得到电动机的无级调速，并具有较硬的机械特性。

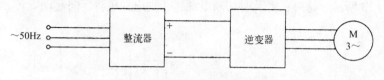

图 1-21　变频调速原理示意图

3. 变转差率调速

变转差率调速是在不改变同步转速 n_1 条件下的调速，通常只用于绕线转子电动机，是通过转子电路中串接调速电阻来实现的。

这种调速方法的优点是有一定的调速范围，调速平滑，设备简单，但能耗较大，效率较低，广泛用于起重设备。

✓ 1.5　三相异步电动机的制动

在一些工业应用中，要求电动机能够在很短的时间内停止运转，这就是电动机的制动工作状态。所谓制动是指电动机的转矩 T 与电动机转速 n 的方向相反时的情况，此时电动机的电磁转矩起制动作用，使电动机很快停下来。

三相异步电动机常用的制动方法有能耗制动、反接制动和回馈制动。

1. 能耗制动

能耗制动方法就是在电动机切断三相电源同时，将一个直流电源接到电动机三相绕组中的任意两相上，使电动机内产生一恒定磁场，如图 1-22 所示。由于异步电动机及所带负载有一定的转动惯量，电动机仍在旋转，转子导条切割恒定磁场产生感应电动势和电流，与磁场作用产生电磁转矩，其方向与转子旋转方向相反，对转子起制动作用。在它的作用下，电动机

转速迅速下降，此时机械系统存储的机械能被转换成电能后消耗在转子电路的电阻上，所以称为能耗制动。

调节激磁直流电流的大小，可以调节制动转矩的大小。这种制动的特点是可以实现准确停车，当转速等于零时，转子不再切割磁场，制动转矩也随之为零。

2. 反接制动

若异步电动机正在稳定运行时，将其连至定子电源线中的任意两相反接，电动机三相电源的相序突然改变，旋转磁场也立即随之反向，转子由于惯性的原因仍在原来方向上旋转，此时旋转磁场转动的方向同转子转动的方向刚好相反。转子导条切割旋转磁场的方向也同原来的相反，所以产生的感应电流的方向也相反，由感应电流产生的电磁转矩也同转子的转向相反，对转子产生强烈制动作用，电动机转速迅速下降为零，使被拖动的负载快速刹车，如图1-23所示。这时，需及时切断电源，否则电动机将反向起动旋转。

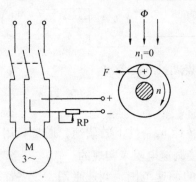

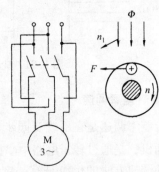

图1-22　能耗制动原理图　　　图1-23　反接制动原理图

这种制动的特点是制动时在转子回路中产生很大的冲击电流，从而也对电源产生冲击。为了限制电流，在制动时，常在笼型感应电动机定子电路串接电阻限流。在电源反接制动下，电动机不仅从电源吸取能量，而且还从机械轴上吸收机械能（由机械系统降速时释放的动能转换而来）并转换为电能，这两部分能量都消耗在转子电阻上。

这种制动方法的优点是制动强度大，制动速度快；缺点是能量损耗大，对电动机和电源产生的冲击大，也不易实现准确停车。

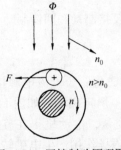

图1-24　回馈制动原理图

3. 回馈制动

当转子的转速 n 超过旋转磁场的转速 n_0 时，这时的转矩也是制动转矩，如图1-24所示。

当起重机快速下放重物时，就会发生这种情况。这时重物拖动转子，使其转速 $n > n_0$，重物受到制动而等速下降。实际上这时电动机已进入发电机运行，将重物的位能转换为电能而反馈到电网里去，所以称为回馈制动。

　　另外，当将多速电动机从高速调到低速的过程中，也自然发生这种制动。因为刚将极对数 p 加倍时，磁场转速立即减半，但由于惯性，转子转速只能逐渐下降，因此就出现 $n > n_0$ 的情况。

1.6　三相异步电动机的铭牌数据

1.6.1　铭牌数据的意义

　　要正确使用电动机，必须要看懂铭牌。今以 Y132M－4 型电动机为例，来说明铭牌上各个数据的意义。

三相异步电动机		
型号　Y132M－4	功　　率　7.5kW	频率　50Hz
电压　380V	电　　流　15.4A	接法　△
转速　1440r/min	绝缘等级　B	功率因数　0.85
效率　87%	温　　升　60	工作方式　连续
	年　月　编号	××电机厂

1. 型号

　　为了适应不同用途和不同工作环境的需要，电动机制成不同的系列，每种系列用各种型号表示。例如：

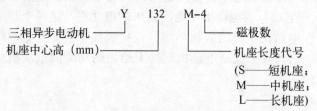

　　异步电动机的产品名称代号及其汉字意义见表 1–1。

表 1–1　异步电动机产品名称代号

产　品　名　称	新　代　号	汉 字 意 义	老　代　号
异步电动机	Y	异	J，JO
绕线转子感应电动机	YR	异绕	JR，JRO
防爆型异步电动机	YB	异爆	JB，JBS
高起动转矩异步电动机	YQ	异起	JQ，JQO

2. 接法

　　这是指定子三相绕组的接法。笼型感应电动机的三相绕组共有 6 个出线端，通常接在置于电动机外壳上的接线盒中，3 个绕组的首端接头分别用 U_1、V_1、W_1 表示，其对应的末端分别用 U_2、V_2、W_2 表示。三相定子绕组可以联结成星形或三角形，如图 1–25 所示。

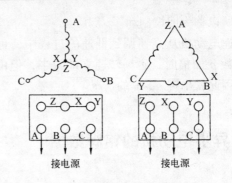

图 1-25　定子绕组的Y和△联结

通常三相异步电动机自 3kW 以下者，联结成星形；自 4kW 以上者，联结成三角形。

3. 电压

铭牌上所标的电压值是指电动机在额定运行时定子绕组上应加的线电压值。一般规定电动机的电压不应高于或低于额定值的 5%。

4. 电流

铭牌所标的电流值是指电动机在额定运行时定子绕组的额定线电流值。当电动机空载或轻载时，都小于这个电流值。

5. 功率与效率

铭牌上所标的功率值是指电动机在额定运行时轴上输出的额定机械功率 P_N。一般总有人把它误认为电动机从电网输入的电功率。这两个功率并不相等，其差值等于电动机本身的损耗功率，包括铜损、铁损及电动机轴承等的机械损耗等。所谓效率就是电动机铭牌上给出的功率同电动机从电网输入电功率的比值。

电动机的输入功率：

$$P_1 = \sqrt{3}\, U_1 I_1 \cos\varphi \qquad (1-30)^*$$

式中，U_1 和 I_1 分别为电动机的额定线电压和额定线电流，$\cos\varphi$ 为功率因数。

电动机的效率：

$$\eta = \frac{P_2}{P_1} \times 100\% \qquad (1-31)$$

式中，P_2 为电动机的输出功率。

电动机的额定转矩：

$$T_N = 9550 \times \frac{P_N}{n_N} \qquad (1-32)$$

式中，n_N 为电动机的额定转速。

6. 功率因数

因为电动机是电感性负载，定子相电流比定子相电压滞后一个 φ 角，

$\cos\varphi$ 就是电动机的功率因数。

三相异步电动机功率因数较低，在额定负载时约为 $0.7 \sim 0.9$，而在轻载和空载时更低，空载时只有 $0.2 \sim 0.3$。因此，必须正确选择电动机的容量，使电动机能保持在满载下工作。

7. 转速

铭牌所给出的转速是指电动机在额定负载下的额定转速。

8. 绝缘等级

绝缘等级是指电动机所采用的绝缘材料的耐热等级。绝缘材料按其耐热的程度来划分，可分为 A、B、C、D、E、F、H 级。电动机的温度对绝缘影响很大。如果电动机温度过高，则会使绝缘老化，缩短电动机寿命。如果温度超过很多，甚至使绝缘全部破坏。绝缘等级越高，耐热能力就越强。为使绝缘不致老化，对电动机绕组温度做了一定的限制。异步电动机的温升是指定子铁心和绕组温度高于环境温度的允许温差。

9. 工作方式

这一项是指电动机工作在连续工作制、短时或断续工作制。若标为连续，表示电动机可在额定功率下连续运行，绕组不会过热；若标为短时，表示电动机不能连续运行，而只能在规定的时间内依照额定功率短时运行，这样不会过热；若标为断续，表示电动机的工作是短时的，但能多次重复运行。

【例1-2】 有一台三相异步电动机，其铭牌给出额定数据为：$P_N = 7.5\text{kW}$，$n_N = 1470\text{r/min}$，$U_1 = 380\text{V}$，$\eta = 86.2\%$，$\cos\varphi = 0.81$。试求：(1) 额定电流；(2) 额定转差率；(3) 额定转矩。

解 (1) 额定电流

$$I_N = \frac{P_N}{\eta \sqrt{3} U_1 \cos\varphi} = \frac{7.5 \times 10^3}{0.862 \times \sqrt{3} \times 380 \times 0.81} \approx 16.3\text{A}$$

(2) 由 $n_N = 1470\text{r/min}$ 可知，其极对数 $p = 2$，同步转速 $n_1 = 1500\text{r/min}$，所以

$$s_N = \frac{n_0 - n}{n_0} = \frac{1500 - 1470}{1500} \times 100\% = 2\%$$

(3) 额定转矩

$$T_N = 9550 \frac{P_N}{n_N} = 9550 \times \frac{7.5}{1470} \approx 48.72\text{N} \cdot \text{m}$$

1.6.2　三相异步电动机的选择

在实际工作中，从技术的角度来考虑，选择一台异步电动机通常从以

下4个方面进行。

1. 电动机类型的选择

电动机的种类分为直流电动机和交流电动机两大类。本书只限于交流异步电动机类型（笼型感应电动机和绕线转子感应电动机两类）。根据电动机工作的环境、工作性质和条件要求，合理地选择电动机的类型，一般优先考虑选择笼型感应电动机。

2. 功率的选择

功率的选择实际上也就是容量的选择。若选得太大，容量没得到充分利用，既增加投资，也增加运行费用；若选得过小，电动机的温升过高，影响寿命，严重时，可能还会烧毁电动机。

对于长期运行（连续工作制）的电动机，可选其额定功率 P_N 等于或略大于生产机械所需的功率；对于短时工作制或断续工作制工作的电动机，可以选择专门为这类工作制设计的电动机，也可选择连续工作制电动机，但可根据间歇时间的长短，将电动机功率选择的比生产机械负载所要求的功率小一些。

3. 转速的选择

异步电动机的速度由于受到电源频率和电动机旋转磁场极对数的限制，选择范围不大。一般电动机的速度的选择依赖于所驱动的机械负载速度。对于速度较低的机械设备，宁可使用机械变速装置而选用速度较高的电动机，而不使用低速电动机进行直接驱动。使用变速箱有几个优点：对于给定的输出功率，高速电动机的价格和尺寸比低速电动机小得多，但其效率和功率因数却比较高；在相同的功率下，高速电动机的起动转矩要比低速电动机大得多。

在不要求速度平滑变化的场合，可以选用双速和多速电动机。笼型感应电动机根据定子绕组联结上的变化使旋转磁场的极对数改变，可以得到多种速度。

同单速相比，双速电动机的功率因数和效率都相对低一些。对于两种不同的速度，电动机可以设计成具有相同的功率和转矩，也可设计成不同的功率和转矩。

双速电动机的速度比一般是 2:1。如果用这种速度比的电动机来驱动风扇，这个比值就太大了，原因是风扇的功率是随速度的二次方而变化的。一般情况下，速度下降1/2，功率要下降1/8。为了解决这个问题，一些三相异步电动机的绕组被设计成低速比的绕组，像8/10、14/16、26/28、38/46等。这样，当速度变化时，电动机的功率变化的幅度就比较小。

异步电动机通常采用4个极的，即同步转速 $n_1 = 1500 \text{r/min}$。

4. 电压的选择

电动机电压等级的选择，要根据电动机的类型、功率及使用地点的电

源电压来决定。Y系列笼型感应电动机的额定电压只有 380V 一个等级。只有大功率的电动机才采用 3kV 和 6kV 的电压。

✓⁺ 1.7　单相感应电动机

单相感应电动机是由单相交流电源供电的一种感应式电动机。由于使用方便，故在家用电器和医疗器械中得到广泛应用。但与同容量的三相感应电动机相比，单相感应电动机的体积较大，运行性能差，因此只做成数十到数百瓦的小容量电动机。

下面介绍两种常用的单相异步电动机，它们都采用笼型转子，但定子有所不同。

1.7.1　电容异步电动机

图 1-26 所示的是电容电动机原理图。在它的定子中放置一个起动绕组 B，它与工作绕组 A 在空间相隔90°。绕组 B 与电容器相连，使两个绕组中的电流在相位上相差约 90°，这就是分相。这样，在空间相差90°的两个绕组，分别通有在相位上相差90°的两相电流，也能产生旋转磁场。

设两相电流为

$$i_A = I_{Am}\sin\omega t$$
$$i_B = I_{Bm}\sin(\omega t + 90°)$$

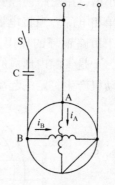

它们的正弦曲线如图 1-27 所示。如前面所讲的三相旋转磁场的产生原理一样，从图 1-28 中就可以理解到两相电流所产生的合成磁场也是在空间旋

图 1-26　电容电动机
原理图

转的。在旋转磁场的作用下，电动机的转子就转动起来。在接近额定转速时，有的借助离心力的作用把开关 S 断开（在起动时是靠弹簧使其闭合的），以切断绕组；有的采用切断继电器把它的吸引线圈串接在工作绕组的电路中。在起动时，由于电流较大，工作绕组中电流减小，当减小到一定

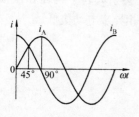

图 1-27　两相电流波形图

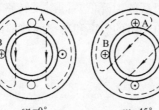

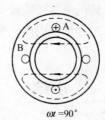

图 1-28　两相旋转磁场

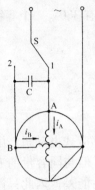

图 1-29　电容电动机实现
正/反转电路

值时，继电器复位，切断绕组。也有在电动机运行时不断开启起动绕组以提高功率因数和增大起动转矩，这种单相电动机称为电容运转式单相电动机。

改变电容器 C 串联的位置，可使单相异步电动机反转。在图 1-29 中，将开关 S 合在位置 1，电容器 C 与 B 绕组串联，电流 i_B 较 i_A 超前近 90°；当将 S 切换到位置 2，电容器 C 与 A 绕组串联，i_A 较 i_B 超前近 90°。这样就改变了旋转磁场的转向，从而实现电动机的反转。洗衣机中的电动机就是由定时器转换开关实现这种自动切换的。

1.7.2　罩极电动机

罩极电动机的定子多做成凸极式，结构如图 1-30 所示。在磁极一侧开一小槽，用短路铜环套在磁极的窄条一边上。每个磁极的定子绕组串联后接单相电源。当将电源接通时，磁极下的磁通分为两部分，即 Φ_1 与 Φ_2。由于短路铜环的作用，罩极下的 Φ_1 与在短路环下的 Φ_2 之间产生了相位差，于是气隙内形成的合成磁场将是一个有一定推移速度的移动磁场，使电动机产生一定的起动转矩。

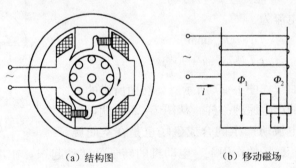

（a）结构图　　　　　　（b）移动磁场

图 1-30　罩极电动机结构示意图

罩极法得到的起动转矩较小，但因结构简单，故多用于小型家用电器中。单相电动机运行时，气隙中始终存在着反转的旋转磁场，使得推动电动机旋转的电磁转矩减少，过载能力降低。同时反转磁场还会引起转子铜耗和铁损的增加，因此，单相电动机的效率和功率因数都比三相异步电动机低。

✓ 小结

1. 异步电动机又称为感应电动机，它由定子和转子两部分组成。三相异步电动机按转子结构分为笼型感应电动机和绕线转子感应电动机两种。笼型感应电动机结构简单、维护方便，应用最为广泛。

三相异步电动机的转动原理是，通入三相定子绕组的三相交流电流产生旋转磁场，与转子导条相互切割，在转子绕组中产生感应电动势和感应电流，使转子受到电磁力作用而产生电磁转矩，驱使转子跟着旋转磁场转动。

2. 旋转磁场的转速 n_1 又称为同步转速，它由磁极对数 p 和电源频率 f_1 决定，即

$$n_1 = \frac{60f_1}{p}$$

转子转速 $n < n_1$，转差率 $s = \dfrac{n_1 - n}{n_1} = \dfrac{\Delta n}{n_1}$。这是产生电磁转矩的必要条件。

转子的转向由旋转磁场的转向决定，旋转磁场的转向由三相定子电流的相序决定。因此，只要把定子绕组接向电源的 3 根导线中的任意两根对调位置，就可使电动机反转。

3. 异步电动机的铭牌数据都是额定值，电压和电流是指线电压和线电流，功率是指轴上输出的机械功率。它的输入功率可根据 $P_1 = \sqrt{3}\,U_1 I_1 \cos\varphi$ 求出。效率 $\eta = \dfrac{P_2}{P_1} \times 100\%$。三相异步电动机在满载或接近满载运行时，功率因数和效率较高，应尽量避免或减少轻载或空载运行时间。

4. 电动机的机械特性是指稳定运行时转速与电磁转矩之间的关系，即

$$T = K \frac{sR_2 U_1^2}{R_2^2 + (sX_{20})^2}$$

转矩 T 与定子每相电压 U_1 的二次方成正比，所以当电源电压有所波动时，对转矩的影响很大。此外，转矩 T 还受转子电阻 R_2 的影响。

5. 异步电动机直接起动时的起动电流很大，为了减小对供电线路的影响，功率较大或频繁起动的笼型感应电动机应采用降压起动，常见的有 Y－△降压起动、自耦变压器起动和软起动 3 种方法。

6. 笼型感应电动机可以采用变极和变频的方法调速，绕线电动机可以采用变转差率的方法调速，其中变极调速是有级调速，变频调速和变转差率调速是无级调速。

7. 异步电动机的电气制动方法有能耗制动、反接制动和回馈制动。能耗制动是在定子电流中通入直流电流，形成固定磁场而产生制动转矩。反接制动是改变定子绕组中电流的相序，形成反转旋转磁场而产生制动转矩。

8. 单相感应电动机的结构、原理与三相电动机基本相同，只是定子产生旋转磁场的方法有所不同，常用的有电容电动机和罩极电动机两种。电容电动机可通过调节电容器的串联位置来改变旋转方向，而罩极电动机则不能在运行中改变其旋转方向。

9. 选择电动机时，应尽量选用三相笼型感应电动机，只有在起动负载

大和有一定调速要求时才选用绕线转子感应电动机，在无三相电源或所需功率较小时才选用单相感应电动机。电动机的容量应根据带动机械负载所需的功率来决定，不宜过大或过小。三相电动机的额定电压一般都选用380V，单相感应电动机的额定电压一般都选用220V。

思考题

1-1　为什么异步电动机的转速比它的旋转磁场的转速低？

1-2　为什么异步电动机起动时，起动电流非常大？

1-3　如何正确地选择一台异步电动机？

1-4　如果把星形（Y）联结的三相异步电动机误作三角形（△）联结或把三角形联结的三相异步电动机误作星形联结，其后果如何？其电流、功率、转矩有何不同？

1-5　某三相异步电动机铭牌标出的电源电压为380/220，Y/△接法。试问：当电源电压分别为380V和220V时，各应采取什么接法？在这两种情况下，它们的额定电流是否相同？输出功率是否相同？

1-6　当电源电压与转子电阻改变时，异步电动机的机械特性曲线形状有什么变化？对最大转矩和起动转矩有什么影响？

1-7　异步电动机有几种调速方法？各种调速方法有何优缺点？

1-8　异步电动机有哪几种制动方法？各有何特点？

1-9　三相异步电动机断了一根电源线后，为什么不能起动？而在运行中断了一根线，为什么仍能转动？这两种情况对电动机有什么影响？

1-10　如何改变电容电动机的转向？罩极电动机的转向能否改变？

习题

1-1　有一台三相异步电动机，其额定转速 $n = 975\text{r}/\min$，试求电动机的磁极对数和在额定负载下的转差率 s（电源频率 $f_1 = 50\text{Hz}$）。

1-2　有一台 $p = 3$ 的三相异步电动机接在频率为 50Hz 的三相交流电源上，电动机以额定速度运转时，转子绕组感应电动势的频率为 2.5Hz，求该电动机：（1）转差率；（2）转子的转速。

1-3　有 Y112M-2 型和 Y160M1-B 型异步电动机各一台，其额定功率都是 4kW，但前者额定转速为 2890r/min，后者为 720r/min，试比较它们的额定转矩，并由此来说明电动机的极对数、转速和转矩之间的关系。

1-4　三相异步电动机的铭牌数据为，电压：220V/380V、接法：△/Y、功率：3kW、转速：2960r/min、功率因数：0.88、效率：0.86。回答下列问题：

（1）若电源的线电压为 220V 时，定子绕组应如何联结？I_N、T_N 应为多少?

(2) 若电源的线电压为 380V 时,定子绕组应如何联结? I_N、T_N 应为多少?

1–5 有一台三相异步电动机,其铭牌给出额定数据为: $P_N = 7.5\text{kW}$, $n_N = 1470\text{r/min}$, $U_1 = 380\text{V}$, $\eta = 86.2\%$, $\cos\varphi = 0.81$。试求:(1) 额定电流;(2) 额定转差率;(3) 额定转矩;(4) 若该电动机的 $T_{st}/T_N = 2.0$,在额定负载下,电动机能否采用 Y/△ 方法起动?

第2章 直流电动机

　　直流电动机是机械能和直流电能互相转换的旋转机械装置。直流电动机用做发电机时，它将机械能转换为电能；用做电动机时，它将电能转换为机械能。

　　在生产上主要应用的是交流电，但在某些方面，如蓄电池充电、同步电动机励磁、电镀和电解、直流电焊和直流电动机等，仍然需要直流电。直流发电机可作为上述各方面的直流电源。由于直流发电机的构造复杂，价格昂贵，工作可靠性也较差，因此随着近代工业电子技术的迅速发展，它逐渐被半导体整流电源取代。

　　直流电动机虽然比三相异步电动机的结构复杂，维护也不方便，但是由于它具有良好的调速性能和较大的起动转矩，因此在调速要求较高的场合，仍得到广泛使用。

✓ 2.1　直流电动机的结构

　　直流电动机是由定子和转子两大部分组成的，其外形和结构如图2-1所示。

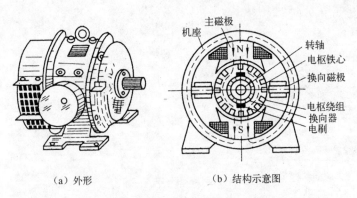

(a) 外形　　　　　　　　　　(b) 结构示意图

图2-1　直流电动机的外形和结构

1. 定子

　　定子是直流电动机的静止部分，由主磁极、机座、换向磁极、端盖和电刷装置等部件组成，如图2-2所示。

　　主磁极由主磁极铁心和励磁绕组组成，励磁绕组通以励磁电流产生主磁场，它可以有一对、两对或更多对。

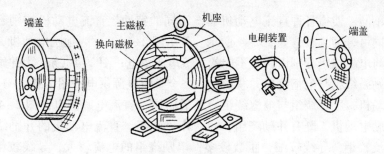

图 2-2　直流电动机定子

换向磁极由换向磁极铁心和绕组组成，位于两个主磁极中间，是比较小的磁极。换向磁极与电枢串联，通以电枢电流，产生附加磁场，以改善电动机的换向条件，减小换向器上的火花。在小功率的直流电动机中则不装换向极。

机座由铸钢或厚钢板制成，用于安装主磁极和换向磁极等部件和保护电动机，它既是电动机的外壳，又是电动机磁路的一部分。

在机座的两边各有一个端盖，端盖的中心处装有轴承，用于支撑转子的转轴，端盖上还固定有电刷架，用以安装电刷，并利用弹簧把电刷压在转子的换向器上。

2. 转子

直流电动机的转子通称电枢，它的主体结构如图 2-3 所示，它包括电枢铁心、电枢绕组、换向器、转轴和风扇等部件。

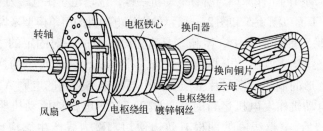

图 2-3　直流电动机转子

电枢铁心由硅钢片叠压而成，其表面有许多均匀分布的槽，用于嵌放电枢绕组。电枢铁心也是直流电动机磁路的一部分。

电枢绕组由许多相同的线圈组成，按一定的规律嵌放在电枢铁心的槽内并与换向器相连，通以电流，在主磁场作用下产生电磁转矩。

换向器又称为整流子，是直流电动机的特有装置。它由许多楔形铜片组成，片间用云母或其他垫片绝缘，外表呈圆柱形，装在转轴上。每一换向铜片按一定规律与电枢绕组的线圈连接。在换向器的表面压着电刷，使旋转的电枢绕组与静止的外电路相通，以引入直流电。

3. 励磁方式

直流电动机的主磁场是由励磁绕组中的励磁电流产生的。由于励磁方式的不同，使得各种直流电动机具有不同的特性。直流电动机按励磁方式的不同可分为 4 种，如图 2-4 所示。其中图 2-4（a）为他励电动机，励磁绕组与电枢绕组分别由两个不同的直流电源供电；图 2-4（b）为并励电动机，励磁绕组与电枢绕组并联后由同一个直流电源供电；图 2-4（c）为串励电动机，励磁绕组与电枢绕组串联后由同一直流电源供电；图 2-4（d）为复励电动机，既有并励绕组，也有串励绕组。直流电动机的并励绕组一般电流较小，导线较细，匝数较多；串励绕组的电流较大，导线较粗，匝数较少，因而不难判别。

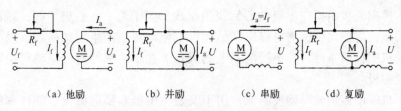

（a）他励   （b）并励   （c）串励   （d）复励

图 2-4 直流电动机的励磁方式

此外，在小型直流电动机中，也有用永久磁铁作为磁极的，称为永磁式电动机，可视为他励电动机的一种。

2.2 直流电动机的基本工作原理

直流电动机的工作原理与所有电动机一样，也是建立在电磁力和电磁感应的基础上，下面以图 2-5 和图 2-6 所示的直流电动机的简单模型来说明。

在图 2-5 和图 2-6 中，N 和 S 是直流电动机的一对固定的主磁极。磁轭、励磁绕组均未画出，电枢绕组只有一个线圈，因而对应的换向片也只需两个半圆形的铜环。换向片上压着两个与外电路接通的电刷 A 和 B。

直流电动机作发电机运行时，见图 2-5，当电枢被原动机驱动按逆时针方向旋转后，电枢线圈的两根有效边便切割磁力线产生感应电动势，其

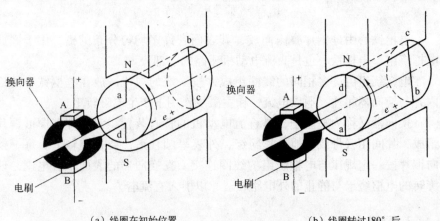

（a）线圈在初始位置   （b）线圈转过180°后

图 2-5 直流发电机的工作原理

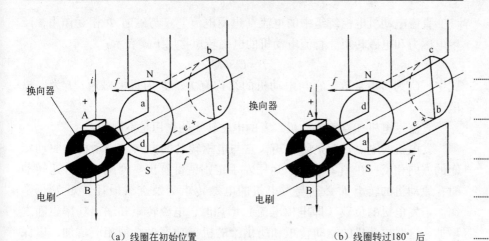

（a）线圈在初始位置　　　　　　　（b）线圈转过 180° 后

图 2-6　直流电动机的工作原理

方向如图 2-5 所示，形成感应电流，通过电刷流过负载，实现机械能转换成电能。显然，每一有效边中的电动势是交变的，即在 N 极下是一个方向，当它转到 S 极下时是另一个方向。但是，由于电刷 A 总是同与 N 极下的一边相连接的换向片接触，而电刷 B 总是同与 S 极下的一边相连的换向片接触，因此在电刷间就出现一个极性不变的电动势或电压。所以，换向器的作用在于将发电机电枢绕组内的交变电动势换成电刷之间的极性不变的电动势。当电刷之间接有负载时，在电动势的作用下就在电路中产生一定方向的电流。

直流发电机的电动势是因电枢线圈的有效边切割磁力线而产生的，故两电刷间电动势 E 的大小就与发电机的转速 n 和磁极磁通 Φ 的乘积成正比，即

$$E = C_E \Phi n \qquad (2-1)$$

式中，C_E 为电动势常数，它与发电机的结构有关；Φ 为每极磁通；n 为电枢转速。

直流电动机作电动机运行时，见图 2-6，将直流电源接在两个电刷之间而使电流通入电枢线圈。当电流经过电刷流入电枢绕组，由于电枢线圈的有效边在磁场中受到电磁力的作用，故电枢产生电磁转矩（称为驱动转矩）驱动转子旋转，将电能转换成机械能。运用左手定则，可以确定出电枢应按逆时针方向转动。电枢线圈中的电流方向：N 极下的有效边中的电流总是一个方向，而 S 极下的有效边中的电流总是另一个方向。这样才能使两个边上受到的电磁力的方向一致，电枢因而转动。因此，当线圈的有效边从 N（S）极下转到 S（N）极下时，其中电流的方向必须同时改变，以保证电磁力的方向不变。而这也必须通过换向器才得以实现。电动机电枢线圈通电后在磁场中受力而转动，这是问题的一个方面。

另外，当电枢在磁场中转动时，线圈中也要产生感应电动势。这个电动势的方向（由右手定则确定）与电流或外加电压的方向总是相反的，所以称为反电动势。它与发电机的电动势的作用不同，后者是电源电动势，由此产生电流。

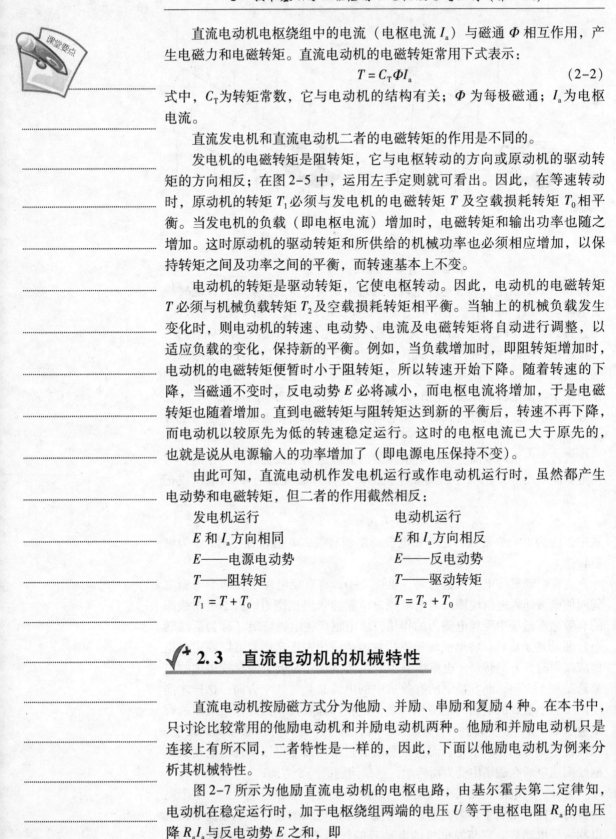

直流电动机电枢绕组中的电流（电枢电流 I_a）与磁通 Φ 相互作用，产生电磁力和电磁转矩。直流电动机的电磁转矩常用下式表示：

$$T = C_T \Phi I_a \tag{2-2}$$

式中，C_T 为转矩常数，它与电动机的结构有关；Φ 为每极磁通；I_a 为电枢电流。

直流发电机和直流电动机二者的电磁转矩的作用是不同的。

发电机的电磁转矩是阻转矩，它与电枢转动的方向或原动机的驱动转矩的方向相反；在图 2-5 中，运用左手定则就可看出。因此，在等速转动时，原动机的转矩 T_1 必须与发电机的电磁转矩 T 及空载损耗转矩 T_0 相平衡。当发电机的负载（即电枢电流）增加时，电磁转矩和输出功率也随之增加。这时原动机的驱动转矩和所供给的机械功率也必须相应增加，以保持转矩之间及功率之间的平衡，而转速基本上不变。

电动机的转矩是驱动转矩，它使电枢转动。因此，电动机的电磁转矩 T 必须与机械负载转矩 T_2 及空载损耗转矩相平衡。当轴上的机械负载发生变化时，则电动机的转速、电动势、电流及电磁转矩将自动进行调整，以适应负载的变化，保持新的平衡。例如，当负载增加时，即阻转矩增加时，电动机的电磁转矩便暂时小于阻转矩，所以转速开始下降。随着转速的下降，当磁通不变时，反电动势 E 必将减小，而电枢电流将增加，于是电磁转矩也随着增加。直到电磁转矩与阻转矩达到新的平衡后，转速不再下降，而电动机以较原先为低的转速稳定运行。这时的电枢电流已大于原先的，也就是说从电源输入的功率增加了（即电源电压保持不变）。

由此可知，直流电动机作发电机运行或作电动机运行时，虽然都产生电动势和电磁转矩，但二者的作用截然相反：

发电机运行	电动机运行
E 和 I_a 方向相同	E 和 I_a 方向相反
E——电源电动势	E——反电动势
T——阻转矩	T——驱动转矩
$T_1 = T + T_0$	$T = T_2 + T_0$

✓ 2.3 直流电动机的机械特性

直流电动机按励磁方式分为他励、并励、串励和复励 4 种。在本书中，只讨论比较常用的他励电动机和并励电动机两种。他励和并励电动机只是连接上有所不同，二者特性是一样的，因此，下面以他励电动机为例来分析其机械特性。

图 2-7 所示为他励直流电动机的电枢电路，由基尔霍夫第二定律知，电动机在稳定运行时，加于电枢绕组两端的电压 U 等于电枢电阻 R_a 的电压降 $R_a I_a$ 与反电动势 E 之和，即

$$U = E + I_a R_a \tag{2-3}$$

又因为

$$E = C_E \Phi n \tag{2-4}$$

则根据式（2-3）和式（2-4），可得出直流电动机的转速为

$$n = \frac{E}{C_E \Phi} = \frac{U - I_a R_a}{C_E \Phi} \tag{2-5}$$

式（2-5）表明，直流电动机的转速 n 与电枢电压 U、每极磁通 Φ 及电枢回路电阻 R_a 都有关系。

由式（2-2）和式（2-5）又可得出直流电动机的转速 n 与电磁转矩 T 的关系为

$$n = \frac{U - I_a R_a}{C_E \Phi} = \frac{U}{C_E \Phi} - \frac{(T/C_T \Phi) R_a}{C_E \Phi}$$

$$= \frac{U}{C_E \Phi} - \frac{R_a}{C_E C_T \Phi^2} T \tag{2-6}$$

此即直流电动机机械特性的一般表达式。在式（2-6）中，当电源电压 U 和电枢绕组的电阻 R_a 为常数的条件下，表示直流电动机的转速 n 和转矩 T 之间关系的 $n = f(T)$ 曲线，称为机械特性曲线，它是一条向下倾斜的直线，如图 2-8 所示。

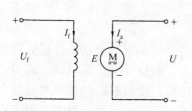

图 2-7　他励直流电动机

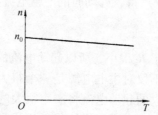

图 2-8　直流电动机的机械特性

在式（2-6）中

$$n_0 = \frac{U}{C_E \Phi}$$

是 $T = 0$ 时的转速，实际上是不存在的，因为即使电动机轴上没有加机械负载，电动机的转矩也不可能为零，它还要平衡空载损耗转矩。所以，通常 n_0 称为理想空载转速。

式（2-6）中

$$\Delta n = \frac{R_a}{C_E C_T \Phi^2} T$$

是转速降。它表示当负载增加时，电动机的转速就会下降。转速降是由电枢电阻 R_a 引起的。由式（2-5）可知，当负载增加时，I_a 随着增加，于是 $R_a I_a$ 增加。由于电源电压 U 是一定的，这使反电动势 E 减小，也就是转速 n 降低了。

他励直流电动机的机械特性如图 2-8 所示。由于 R_a 很小，在负载变化时，转速的变化不大。因此，他励直流电动机具有较硬的机械特性，这也是它的特点之一。

2.4　直流电动机的起动、调速和制动

直流电动机的起动、调速与制动，是电动机的 3 种运行状态，本节介绍有关的基本概念和方法。

2.4.1　起动

电动机与生产机械连接在一起称为机组。电动机组从静止到稳定运行都必须经过起动过程。从机械方面看，起动时要求电动机产生足够大的电磁转矩来克服机组的摩擦转矩、惯性转矩和负载转矩（如果带负载起动），才能使机组从静止状态转动起来并加速到稳定运行状态。电动机接到规定电源后，转速从零上升到稳态转速的过程称为起动过程。直流电动机在稳定运行时，其电枢电流为

$$I_a = \frac{U - E}{R_a} \tag{2-7}$$

由于起动瞬间直流电动机的转速 $n = 0$，感应电动势 $E = C_E \Phi n = 0$，由式（2-7）得，起动时的电枢电流为

$$I_{st} = \frac{U}{R_a} \tag{2-8}$$

由于 R_a 很小，所以起动电流的数值将达到额定电流的十几倍。这样大的电流不仅对供电电源是一个很大的冲击，而且还会损坏电动机本身。另外，很大的起动电流将产生很大的起动转矩，使被起动的机械遭受很大的冲击力，也有可能损坏传动机构和生产机械。所以，大容量直流电动机是不允许直接起动的。

对于大容量的电动机，必须限制其起动电流。由式（2-7）可知，限制起动电流的方法有两种，即降低电枢端电压和增大电枢电路的电阻 R_a。降低电枢电压起动，需要有一个可调压的直流电源专供电枢电路之用。随着转速的升高使电源电压逐渐升高到额定值，这种方法只适用于他励电动机；对于并励、串励和复励电动机，一般都采用在电枢电路内串联起动电阻的方法进行起动，随着转速的升高将起动电阻逐段切除。

为了减小起动电流又保持一定的起动转矩，通常限制起动电流在额定电流的 1.5 ~ 2.5 倍的范围内。

> **【注意】** 直流电动机在起动时，励磁电路必须可靠连接，不允许开路。否则，励磁电流为零，磁路中只有很小的剩磁，即 $\Phi \approx 0$，则起动转矩 $T = C_T \Phi I_a \approx 0$，电动机将不能起动，这时电流很大，可能会烧坏电动机。另外，直流电动机在工作时也不允许励磁绕组开路，如果是有载运行，会使其堵转，同样产生很大电流；如果是空载运行，则由式（2-5）可知，电动机的转速将上升到很高，会出现"飞车"现象，危及设备和操作人员的安全。

> 对直流电动机起动的基本要求：①有足够大的起动转矩；②起动电流限制在允许范围内。此外，起动时间要满足生产机械要求，起动设备要简单、经济、可靠等。

2.4.2　调速

调速是指在负载转矩不变的条件下，通过人为的方法改变电动机的有关参数（即改变直流电动机的机械特性），使之在一定的负载下获得不同的转速。直流电动机具有良好的调速性能，能在较大的范围内平滑而经济地调速。

从式（2-5）可以看出，调速方法有 3 种，即电枢回路串电阻 R_a 调速、弱磁（减小 Φ）调速和降压（改变 U）调速。

1. 电枢回路串电阻调速

在式（2-5）中，保持 U、Φ 大小不变，电枢回路串入适当大小的电阻 R_a，从而调节电动机转速。

在电枢回路中串入大小不同的电阻时，得到如图 2-9（a）所示的机械特性曲线。

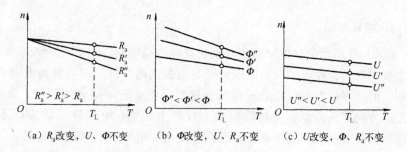

（a）R_a 改变，U、Φ 不变　（b）Φ 改变，U、R_a 不变　（c）U 改变，Φ、R_a 不变

图 2-9　直流电动机的调速特性

这种调速方法的特点如下所述。

（1）电动机的理想空载转速不变，随着所串电阻的增大，机械特性越来越软。

（2）只能将转速往下调，平滑性差。低速时，电动机的效率较低。

（3）如果负载稍有变动，电动机的转速就会有较大变化，这对于恒转矩负载不利。

这种调速方法仅适用于调速范围不大和调速时间不长的小功率电动机。

2. 弱磁调速

从式（2-5）可知，保持 U、R_a 大小不变，调节励磁电流使之减小，即减弱磁通，从而调节转速。其特性曲线如图 2-9（b）所示。

这种调速方法的特点如下所述。

（1）可得到无级平滑调速。

（2）励磁电流小，能量消耗少，调速范围大。

（3）速度只能向上调，调速后的机械特性较硬，速度较稳定。

3. 降压调速

从式（2-5）可知，保持 R_a、Φ 大小不变，降低电枢的端电压 U，也可以调节直流电动机的速度。采用这种方法调速时，应注意保持励磁电流不变，只改变电枢电压。因此需要可调电压的直流电源。近几年来，晶闸管整流设备作为可调电压的直流电源已经普遍使用。采用这种方法调速比较方便。改变电枢电压的机械特性曲线如图2-9（c）所示。

这种调速方法的特点如下所述。

（1）可以得到平滑调速。

（2）机械特性是一组平行曲线，机械特性较硬，转速稳定。

（3）转速只能调低，不能调高。

2.4.3 制动

制动就是采取一定的措施使直流电动机快速停车或降低转速的运行状态。常用的电气制动方法有能耗制动、反接制动和回馈制动3种。

1. 能耗制动

图2-10所示的是他励直流电动机能耗制动电路。制动时，将开关S由左边扳向右边，使电动机的电枢回路与电源切断，再与一个制动电阻 R_P 相串联，但励磁绕组的电源必须保留。这时，由于转动部分的惯性，电枢继续按原方向旋转，电枢导体切割磁力线产生的感应电动势 E 的方向不变，但原来是阻碍电流的反电动势，现在却变为在电枢绕组和制动电阻 R_P 上产生电流 I_a 的电动势，此时的电动机相当于一台发电机。

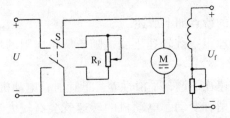

图2-10 他励直流电动机能耗制动电路

电动机处于发电状态时，电枢电流与磁通互相作用产生的电磁转矩与电枢旋转的方向相反，是制动转矩，迫使电动机很快停车。电动势 E 随着转速 n 的减小而减小，I_a 和制动转矩也变小。当电动机停车时，E 和 I_a 都变为零，制动转矩也随之消失。

由于此制动过程中，转动部分的动能变为电能，在电阻中消耗掉，故

称这种制动方法为能耗制动。

制动转矩的大小与电枢电流 I_a 的大小有关，可通过调节制动电阻 R_P 来控制制动转矩。R_P 小，则 I_a 大，制动转矩大，制动时间短；反之，制动时间长。但在改变制动电阻 R_P 时，应注意电枢电流不能太大，一般选制动时的电流为额定电流的 1.5～2.5 倍。

能耗制动线路简单，制动可靠、平稳、经济，故常被采用。

2. 反接制动

反接制动就是把电源电压反接到电枢绕组或励磁绕组上，如图 2-11 所示。

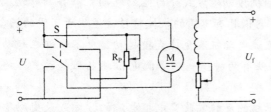

图 2-11　他励直流电动机的反接制动

电枢反接后，电枢电流反向，电磁转矩随着反向，电磁转矩成为制动转矩，使电动机迅速停止。当电动机的转速接近零时，应及时切断电源，否则电动机会反转。

由于反接制动时电枢电压与反电动势 E 的方向相同，故电枢电流 I_a 很大。为了限制电流，必须串接较大的制动电阻 R_P，以保证电枢电流不超过额定电流的 1.5～2.5 倍。

反接制动制动迅速，但要消耗一定能量，并有自动反转的可能性。

3. 回馈制动

并励电动机在运行时，由于某种客观原因，使实际转速超过原来的空载转速，电枢中的反电动势 E 大于电源电压 U，此时电动机变成了发电机，电枢中的电流方向发生改变，由原来的与电压相同变为与电压相反，电流流向电网，向电网反馈电能。电磁转矩变为制动转矩，因此称为回馈制动或反馈制动。例如，电动机拖动电车下坡，当车速很高时，电车带动电动机转而发电，使车速减慢。回馈制动的实质是将直流电动机从电动机状态转变为发电机状态运行，以限制转速不致过高的制动方法。

✓⁺ 小结

1. 直流电动机由定子和转子两个基本部分组成，定子主磁极的励磁绕组通入直流电产生主磁场，转子电枢绕组经过换向器通入直流电后受磁场

力作用而产生电磁转矩。换向器是保证电磁转矩方向始终一致的必不可少的部分，也是直流电动机结构的一个特点。

直流电动机的 3 个基本方程式是

$$E = C_E \Phi n$$

$$T = C_T \Phi I_a$$

$$I_a = \frac{U - E}{R_a}$$

由此可推出转速公式和机械特性表达式，即

$$n = \frac{U}{C_E \Phi} - \frac{R_a}{C_E C_T \Phi^2} T$$

2. 直流电动机按励磁方式分为他励电动机、并励电动机、串励电动机和复励电动机，它们具有不同的机械特性，适用于不同的场合。

3. 大容量直流电动机不允许直接起动，也不允许在起动和运行中失去励磁。起动的方法有两种：一是降低电枢端电压起动，二是在电枢回路中串电阻起动。

4. 直流电动机的反转靠改变电枢电流的方向或改变励磁电流的方向来实现，二者只能取其一。

5. 直流电动机的调速方法有 3 种，即电枢回路串电阻调速、弱磁调速和降压调速。

6. 直流电动机的制动方法有 3 种，即能耗制动、反接制动和回馈制动。

✓⁺ 思考题

2-1　直流电动机从结构上分为哪两大部分？各部分又分为哪些部件？各部件起什么作用？

2-2　简述直流发电机的工作原理。

2-3　简述直流电动机的工作原理。

2-4　试用图 2-5 和图 2-6 来说明，为什么发电机的电磁转矩是制动转矩？为什么电动机的电动势是反电动势？

2-5　试分别说明换向器在直流发电机和直流电动机中的作用。

2-6　在使用并励电动机时，发现转向不对，如果将接到电源的两根线对调一下，能否改变转动方向？

2-7　直流电动机起动电流过大有何不利？用什么方法限制过大的起动电流？

2-8　直流电动机反转的方法有哪几种？

2-9　直流电动机调速有哪几种方法？每种方法的特点是什么？

2-10　直流电动机的制动有哪几种方法？简述能耗制动的原理。

第3章 控制电机

随着科学技术的进步，电机无论在制造技术、制造材料还是在设计水平上不断推陈出新，出现了许多电机的新品种，被越来越广泛地应用于各行各业。控制电机是在普通旋转电机基础上产生的特殊功能的小功率旋转电机。

本章从应用的角度，介绍几种常用的控制电机：伺服电动机、测速发电机、步进电动机和自整角机的基本结构和工作原理。

控制电机是在普通电机的基础上发展起来的具有特殊功能的旋转电机，它主要用于自动控制系统中传递信息、变换和执行控制信号。从工作原理上看，和普通电机没有本质的区别，但从电机的运行特性和用途方面，却有很大的不同。普通电机主要用于电力拖动系统中，完成机电能量转换，着重于起动和运行状态的力能指标，控制电机主要用在自动控制系统和计算装置中，完成对机电信号的检测、解算、放大、传递、执行或转换，要求运行高可靠性、特性参数高精度和响应速度高灵敏性等。

控制电机按其功能和用途可分为信号元件和功率元件两大类。用于检测、转换和传递信号的称为信号元件，包括旋转变压器、测速发电机、自整角机等。用于将信号转换为能量输出的称为功率元件，主要有伺服电动机、步进电动机、力矩电动机、直线电动机和盘式电动机。

3.1 伺服电动机

3.1.1 伺服电动机的特点

伺服电动机的职能就是根据控制信号的要求而动作，无信号时静止，有信号时即运行。按电源的不同分为直流和交流伺服电动机两大类。对伺服电动机的基本要求如下所述。

【宽广的调速范围】伺服电动机的转速随着控制电压的改变能在宽广的范围内连续调节。

【机械特性和调节特性线性化】线性的机械特性和调节特性有利于提高自动控制系统的动态精度。

【无"自转"现象】伺服电动机在控制电压为零时能立即自行停止转动。

【快速响应】机电时间常数小，电动机的转速能随着控制电压的改变而迅速变化。

3.1.2 直流伺服电动机

1. 直流伺服电动机的结构

直流伺服电动机是指使用直流电源的伺服电动机，实质上就是一台他励直流电动机。根据其功能可分为普通型直流伺服电动机、盘形电枢直流伺服电动机、空心杯直流伺服电动机和无槽电枢直流伺服电动机等。

1）普通型直流伺服电动机

普通型直流伺服电动机的结构与他励直流电动机的结构相同，由定子和转子两大部分组成。根据励磁方式可分为电磁式和永磁式两种，电磁式伺服电动机的定子磁极上装有励磁绕组，励磁绕组接励磁控制电压产生磁通；永磁式伺服电动机的磁极是永久磁铁，磁通不可控。直流伺服电动机的转子一般由硅钢片叠压而成，转子外圆有槽，槽内装有电枢绕组，绕组通过换向器和电刷与外边电枢控制电路相连。伺服电动机的电枢铁心长度与直径之比要比普通直流电动机要大，这样可以提高控制精度和响应速度。

定子中的励磁磁通和转子中的电流相互作用时，就会产生电磁转矩驱动电枢转动。控制转子中电枢电流的方向和大小，就可以控制伺服电动机的转动方向和转动速度。电枢电流为零时，伺服电动机停止不动。普通电磁式直流伺服电动机性能接近于永磁式直流伺服电动机，该类电动机的转动惯量较其他类型的伺服电动机大。

2）盘式电枢直流伺服电动机

盘式电枢直流伺服电动机的定子是由永磁磁钢和前后磁轭组成的，磁钢可在圆盘的一侧放置，也可在两侧放置。圆盘的两侧是电动机的气隙，电枢绕组放在圆盘上，分为印制绕组和绕线式绕组两种形式。

印制绕组采用制造 PCB 相类似的工艺制成，可以单片双面，也可以多片重叠。绕线式绕组是先绕好单个线圈，然后将绕好的线圈按一定的规律沿径向圆周排列，再用环氧树脂浇注成圆盘形。盘式电枢上电枢绕组中的电流是沿径向流过圆盘表面，并与轴向磁通相互作用而产生转矩，其结构如图 3-1 所示。

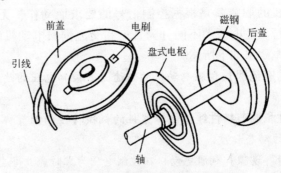

图 3-1　盘式电枢直流伺服电动机结构

3）杯型电枢直流伺服电动机

杯型电枢直流伺服电动机有内、外两个定子，即外定子和内定子。通常外定子由两个半圆形的永久磁钢组成，提供电动机磁场，内定子由圆柱形的软磁材料做成，作为磁路的一部分，以减小磁路的磁阻；也有内定子由永久磁钢做成，外定子采用软糍材料的。转子由成形的线圈沿圆周的轴向排成空心杯形，再用环氧树脂固化成形。空心杯直接装在电动机的转轴上，在内、外定子的气隙中旋转。电枢绕组接在换向器上，由电刷引出。其结构如图3-2所示。

4）无槽电枢直流伺服电动机

无槽电枢直流伺服电动机的电枢铁心上不开槽，电枢绕组直接排列在铁心表面，用环氧树脂把它和铁心固化成整体，如图3-3所示。定子磁场可以由永磁材料产生，也可以由电磁的方式产生。该电动机的转动惯量和电枢绕组的电感要比前两种无铁心转子的电动机要大，因而其动态性能要差一些。

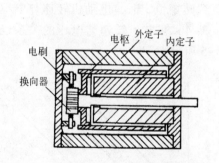

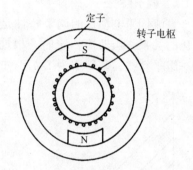

图3-2 杯型电枢直流伺服电动机结构　　　图3-3 无槽电枢直流伺服电动机结构

2. 直流伺服电动机的运行特性

在忽略电枢反应的情况下，直流伺服电动机的电压平衡方程可表示为

$$U = E_a + R_a I_a \tag{3-1}$$

当磁通恒定时，电枢反电动势为

$$E_a = C_e \Phi n = k_e n \tag{3-2}$$

式中，k_e 为电动势常数。

直流伺服电动机的电磁转矩为

$$T_{em} = C_T \Phi I_a = k_t I_a \tag{3-3}$$

式中，k_t 为转矩常数。

将上述3式联立求解，可得直流电动机的转速关系式，即

$$n = \frac{U}{k_e} - \frac{R_a}{k_e k_t} T_{em} \tag{3-4}$$

根据式（3-4）可得出直流伺服电动机的机械特性和调节特性。

1）机械特性

机械特性是指在控制电枢电压保持不变的情况下，直流伺服电动机的转速 n 随转矩变化的关系。当电枢电压为常数时，式（3-4）可写成：

$$n = n_0 - kT_{em} \qquad (3-5)$$

式中，$n_0 = U/k_e$，$k = R_a/k_e k_t$。

由式（3-5）可知，当转矩为零时，电动机的转速仅与电枢电压有关，此时电动机的转速为直流伺服电动机的理想空载转速，与电枢电压成正比，即

$$n = n_0 = \frac{U}{k_e} \qquad (3-6)$$

当转速为零时，电动机的转矩仅与电压有关，此时的转矩称为堵转转矩，与电枢电压成正比，即

$$T_D = \frac{U}{R_a}k_t \qquad (3-7)$$

图3-4所示为给定不同的电枢电压得到的直流伺服电动机的机械特性。可以看出，不同的电枢电压下的机械特性为一组平行线，其斜率为$-k$。当控制电压一定时，不同的负载转矩对应不同的机械转速。

2）调节特性

直流伺服电动机的调节特性是指负载转矩恒定时，电动机转速与电枢电压的关系。当转矩一定时，根据式（3-4）可知，转速与电压的关系也为一组平行线，其斜率为$1/k_e$，如图3-5所示。

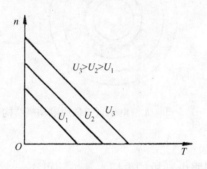

图3-4　直流伺服电动机的机械特性　　图3-5　直流伺服电动机的调节特性

当转速为零时，对应不同的负载转矩可得到不同的起动电压U。当电枢电压小于起动电压时，伺服电动机将不能起动。

3.1.3　交流伺服电动机

1. 交流伺服电动机的工作原理

交流伺服电动机一般是两相交流电动机，有定子和转子两部分组成。交流伺服电动机的转子有笼型和杯型两种。转子电阻做得比较大，目的是使转子在转动时产生制动转矩，使其控制绕组在不加电压时，能及时制动，防止自转。定子为两相绕组，并在空间相差90°电角度。两个定子绕组结构完全相同，使用时，一个绕组用于励磁，另一个绕组用于控制。图3-6所示为交流伺服电动机的工作原理图，U_f为励磁电压，U_c为控制电压，这两

个电压均为交流，相位互差 90°。

当励磁绕组和控制绕组均加交流互差 90°电角度的电压时，在空间形成圆形旋转磁场（控制电压和励磁电压的幅值相等）或椭圆形磁场（控制电压和励磁电压的幅值不相等），转子在旋转磁场的作用下旋转。

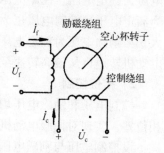

图 3-6 交流伺服电动机工作原理图

与普通两相异步电动机相比，伺服电动机具有宽的调速范围。当励磁电压不为零而控制电压为零时，转速也为零，机械特性为线性且动态特性较好，具有尽量小的转动惯量和尽量大的起动转矩，无"自转"现象等。

因此，交流伺服电动机的转子通常有以下 3 种结构。

1）高电阻导条的笼型转子

为减小转动惯量，转子一般做成细长形，笼型导条和端环采用高电阻率的导电材料（黄铜、青铜等）制造。

2）非磁性空心杯转子

具有内、外两个定子，外定子铁心由硅钢片冲制叠装而成，槽内放置空间相距 90°电角度的两相绕组，内定子也是由硅钢片冲制叠装而成的，一般不放绕组，仅作为主磁通路，空心杯转子位于内、外定子铁心之间的气隙中，靠其底盘和转轴固定，空心杯用非磁性金属铅、铝合金制成，壁很薄，通常为 0.2～0.8mm，所以有较大的转子电阻和很小的转动惯量。

3）铁磁性空心杯转子

转子采用铁磁性材料（纯铁）制成，转子本身既作主磁通磁路，又作转子绕组。因此，可不要内定子铁心。电动机的结构简单，其转子结构形式有两种，如图 3-7 所示。

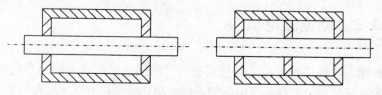

图 3-7 铁磁性空心杯转子结构

铁磁性空心杯转子因其转动惯量较非铁磁性空心杯转子要大，响应性较差。当定子、转子气隙不均时，转子容易因单边磁拉力而被"吸住"，在实用中较少使用。

2. 交流伺服电动机的控制方式

交流伺服电动机的控制方式有 3 种，即幅值控制、相位控制和幅相控制。

1）幅值控制

控制电压和励磁电压保持相位差 90°，只改变控制电压的幅值。当励磁

电压为额定电压、控制电压为零时，伺服电动机转速也为零。当励磁电压为额定电压且控制电压也为额定电压时，伺服电动机转速最大，转矩也最大。当励磁电压为额定电压，控制电压在额定电压和零之间变化时，伺服电动机转速也从最高转速至零转速之间变化。

2）相位控制

控制电压和励磁电压均为额定电压，通过改变控制电压和励磁电压的相位差，实现对伺服电动机转速的控制。

设控制电压与励磁电压的相位差为 β，$\beta = 0° \sim 90°$。当 $\beta = 0°$ 时，控制电压与励磁电压同相位，气隙磁通为脉振磁通势，伺服电动机的转速为零。当 $\beta = 90°$ 时，气隙磁通为圆形磁通势，伺服电动机的转速最大，转矩也最大。当 β 在 $0° \sim 90°$ 范围变化时，磁通势从脉振磁通势变为椭圆形旋转磁通势，最终变为圆形磁通势，伺服电动机的转速由很低向高变化，β 值越大，磁通势越近于圆形磁通势。

3）幅相控制

幅相控制是对幅值和相位差都进行控制，通过改变控制电压的幅值及控制电压与励磁电压的相位差，控制伺服电动机的转速。图3-8所示为幅相控制的电路接线图。当控制电压的幅值改变时，电动机转速发生改变。此时，励磁绕组中的电流随之发生变化，励磁电流的变化引起电容的端电压发生变化，使控制电压和励磁电压之间的相位角改变。

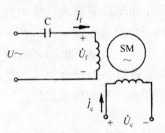

图3-8　幅相控制的电路接线图

幅相控制的机械特性和调节特性不如幅值控制和相位控制，但由于其电路简单，不需要移相器，因而在实际应用中应用较广泛。

3.2　测速发电机

测速发电机是机械转速测量装置，它的输入是转速，输出是与转速成正比的电压信号。根据输出电压的不同，测速发电机有以下两种形式。

1. 直流测速发电机

直流测速发电机包括永磁式测速发电机和电磁式测速发电机。直流测速发电机输出的电压为直流电压。

2. 交流测速发电机

交流测速发电机包括同步测速发电机和异步测速发电机。交流测速发电机输出的电压为交流电压。

在实际应用中，对测速发电机主要有以下3个方面的要求。

（1）线性度要好，最好在全程范围内输出电压与转速成正比。

（2）测速发电机的转动惯量要小，以保证测速的快速性。

（3）测速发电机的灵敏度要高，较小的转速变化也可引起输出电压的变化。

3.2.1 直流测速发电机

直流测速发电机实际上是微型直流发电机，根据励磁方式可分为永磁式测速发电机和电磁式测速发电机。

1. 直流测速发电机的输出特性

直流测速发电机的工作原理与直流发电机相同，在忽略电枢反应的情况下，电枢的感应电动势为

$$E_a = \Phi n = k_e n \tag{3-8}$$

当带负载后，电刷两端输出的电压为

$$U_a = E_a - R_a I_a \tag{3-9}$$

带负载后负载电压与电流关系可写为

$$I_a = \frac{U_2}{R_1} \tag{3-10}$$

式中，R_1 为负载电阻，电刷两端的输出电压与负载上电压相等，因此将式（3-10）代入式（3-9）可得

$$U_2 = E_a - R_a \frac{U_2}{R_L}$$

整理后可得

$$U_2 = \frac{E_a}{1 + \dfrac{R_a}{R_L}} = Cn \tag{3-11}$$

式中，$C = \dfrac{k_e}{1 + (R_a/R_L)}$ 为测速发电机的输出特性斜率。测速发电机的输出特性如图 3-9 所示。

2. 直流测速发电机的误差及减小误差的方法

实际的直流测速发电机的输出电压与转速间并不能够保持严格的正比关系，产生误差的原因主要有以下 3 个方面。

1）电枢反应

由于有电枢反应，使得主磁通发生变化，式（3-8）中的电动势常数 k_e 将不再为常值，而是随负载电流变化而变化，负载电流升高，电动势系数 k_e 略有减小，特性曲线向下弯曲。

为消除电枢反应的影响，除在设计时采用补偿绕组进行补偿、结构上大气隙削弱电枢反应的影响外，对于使用者而言，应使发电机的负载电阻值等于或大于负载电阻的规定值，这样可以使负载电流对电枢反应的影响

尽可能小。此外，增大负载电阻还可以使发电机的灵敏性增强。

2）电刷接触电阻的影响

电刷接触电阻为非线性电阻，当测速发电机的转速低、输出电压也低时，接触电阻较大，电刷接触电阻压降在总电枢电压中所占比重大，实际输出电压较小；而当转速升高时，接触电阻变小，接触电压也将变小。因此在低转速时，转速与电压间的关系由于接触电阻的非线性影响而有一个不灵敏区。考虑电刷接触电阻影响后的特性曲线如图 3-10 所示。

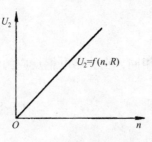
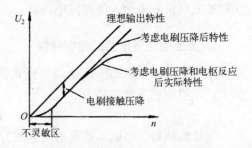

图 3-9 直流发电机输出特性　　　　图 3-10 直流测速发电机实际输出特性

为减小电刷接触电阻的影响，使用时可对低输出电压进行非线性补偿。

3）纹波影响

由于换向片数有限，实际输出电压是一个脉动的直流电压，虽然脉动分量在整个输出电压中所占比重不大（高速时约为 1%），但对高精度系统是不允许的。为消除脉动影响，可在电压输出电路中加入滤波电路。

3.2.2 异步测速发电机

交流测速发电机分为同步测速发电机和异步测速发电机两种。

同步测速发电机的输出频率和电压幅值均随转速的变化而变化，因此一般用做指示式转速计，很少用于控制系统的转速测量。异步测速发电机的输出电压频率与励磁电压频率相同而与转速无关，其输出电压与转速 n 成正比，因此在控制系统中得到广泛的应用。

1. 杯型转子异步测速发电机的工作原理

异步测速发电机分为笼型转子和杯型转子两种，笼型转子测速发电机不及杯型转子测速发电机的测量精度高，而且杯型转子结构的测速发电机的转动惯量小，适合于快速系统，因此目前应用比较广泛的是杯型转子测速发电机。

杯型转子异步测速发电机的结构与杯型伺服电动机的结构基本相同，但其转子电阻比杯型伺服电动机的转子电阻还要大。图 3-11 所示为杯型转子异步测速发电机的工作原理图。在图中定子两相绕组在空间位置上严格相差 90°电角度，在一相上加恒频恒压的交流电源，使其作为励磁绕组产生励磁磁通；而另一相作为输出绕组，输出与励磁绕组电源同频率、幅值与转速成正比的交流电压 U_2。杯型转子测速发电机的转子为空心杯型，用电阻率较大的非磁性材料制成，其目的是获得线性较好的电压输出信号。

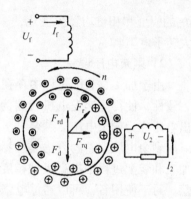

图 3-11　杯型转子异步测速
发电机工作原理图

发电机励磁绕组中加入恒频恒压的励磁电压时，励磁绕组中有励磁电流流过，产生与电源同频率的脉振磁通势 F_d 和脉振磁通 Φ_d。磁通势 F_d 和磁通 Φ_d 在励磁绕组的轴线方向上脉振，称为直轴磁通势和磁通。发电机转子和输出绕组中的电动势及由此产生的反应磁通势，根据发电机的转速可分为两种情况。

1）$n = 0$（发电机不转）

当转速 $n = 0$ 时，转子中的电动势为变压器性质电动势，该电动势产生的转子磁通势性质和励磁磁通势性质相同，均为直轴磁通势；输出绕组由于与励磁绕组在空间位置相差 90° 电角度，因此不产生感应电动势，输出电压 $U_2 = 0$。

2）$n \neq 0$（发电机旋转）

当转子转动时，转子切割脉振磁通 Φ_d，产生切割电动势 E_r，切割电动势的大小可以通过下式计算

$$E_r = C_r \Phi_d n \tag{3-12}$$

式中，C_r 为转子电动势常数；Φ_d 为脉振磁通幅值。由式（3-12）可见，转子电动势的幅值与转速成正比。转子电动势的方向可以用右手定则判断。

转子中的感应电动势在转子中产生短路电流 I_s，考虑转子漏抗的影响，转子电流要滞后转子感应电动势一定的电角度。短路电流 I_s 产生脉振磁通势 F_r，转子的脉振磁通势可分解为直轴磁通势 F_{rd} 和交轴磁通势 F_{rq}，直轴磁通势将影响励磁磁通势并使励磁电流发生变化，交轴磁通势 F_{rq} 产生交轴磁通 Φ_q。交轴磁通与输出绕组交链感应出频率与励磁频率相同、幅值与交轴磁通 Φ_q 成正比的感应电动势 E_2。

由于 $\Phi_q \propto F_{rq} \propto F_r \propto E_r \propto n$，所以 $E_2 \propto \Phi_q \propto n$，即输出绕组的感应电动势的幅值正比于测速发电机的转速，而频率与转速无关，为励磁电源的频率。

定子、转子中的电流、电动势及空间磁通势与磁通间的关系见图 3-11 中的标注。

2. 异步测速发电机的误差

异步测速发电机的主要误差包括幅值及相位误差和剩余电压误差。

1）幅值及相位误差

由于输出电压除与转速有关外，还与 Φ_d 有关，若想输出电压正比于转速 n，则 Φ_d 应保持常数。当励磁电压为常数时，由于励磁绕组漏抗的存在，使得励磁绕组电动势与外加励磁电压有一个相位差，随着转速的变化使得

Φ_d 的幅值和相位均发生变化，造成输出电压的误差。为减少该误差，可增大转子电阻。

2）剩余电压误差

由于加工、装配过程中存在机械上的不对称及定子磁性材料性能的不一致性，使得测速发电机转速为零时，实际输出电压并不为零，此时的输出电压称为剩余电压。剩余电压的存在引起的测量误差称为剩余电压误差。减少剩余电压误差的方法是选择高质量各方向特性一致的磁性材料，在机加工和装配过程中提高机械精度，也可以通过装配补偿绕组的方法加以补偿。对于使用者，可以通过电路补偿的方法去除剩余电压的影响。

3.3　自整角机

自整角机是一种能对角位移或角速度的偏差自动整步的感应式控制电机。自整角机在应用时一般成对使用或多台组合使用，使机械上互不相连的两根或多根机械轴能够保持相同的转角变化或同步的旋转变化。自整角机被广泛应用于随动控制系统中。在随动控制系统中，多台自整角机协调工作，其中产生控制信号的主自整角机称为发送机，接收控制信号、执行控制命令与发送自整角机保持同步的自整角机为接收机。

根据自整角机的功能可把自整角机分为控制式自整角机和力矩式自整角机两类。力矩式自整角机输出的力矩较大，可直接驱动接收机轴上的负载，主要用于指示系统或传递系统，用力矩式自整角机组成的系统一般为开环系统。控制式自整角机的接收机不直接带负载，而是在接收机上输出与发送机、接收机转子之间的角位差有关的一个电压信号，因此可以说控制式自整角机实际上是角位置失调检测电机。

3.3.1　自整角机的结构与工作原理

1. 力矩式自整角机的结构与工作原理

力矩式自整角机为在整个圆周范围内准确定位，通常采用两极电机，并且绝大部分采用凸极结构，只在频率较高、尺寸较大的力矩电机中才采用隐极式结构。

力矩式自整角机的定子、转子铁心均采用高磁导率的薄硅钢片冲制成形。为减小铁损，薄硅钢片经过涂漆处理，然后铆制成整体定子或整体转子。力矩式自整角机的励磁采用单相励磁，励磁绕组放置在凸极铁心上，整步绕组为三相绕组并作星形联结放置在铁心槽中。励磁绕组可放置在定子上，也可放置在转子上，当励磁绕组放置在凸极定子上时，整步绕组放置在转子铁心上并通过集电环和电刷引出；当励磁绕组放置在凸极转子上时，通过两相集电环和电刷把励磁绕组和外部励磁电路相连，整步绕组放置在定子铁心上。

图 3-12 中给出了力矩式自整角机的 3 种基本结构。凸极式结构的转子质量轻，电刷和集电环数量少，适用于小容量的自整角机。定子凸极式结构的转子上放置三相分布绕组，其平衡性好，但转子质量大，电刷数量和集电环数量多，适合于较大容量的自整角机。

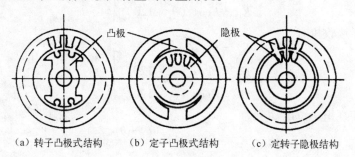

（a）转子凸极式结构　　（b）定子凸极式结构　　（c）定转子隐极结构

图 3-12　力矩式自整角机的基本结构

图 3-13 所示为力矩式自整角机的工作原理图。在图中，一台自整角机作为发送机，另一台作为接收机，并且两台电机的结构参数一致。在工作过程中，励磁绕组接在同一单相交流励磁电源上，两台电机的三相整步绕组彼此对应相连。为了分析方便，规定励磁绕组与整步绕组的 A 相的夹角 θ 作为转子的位置角。

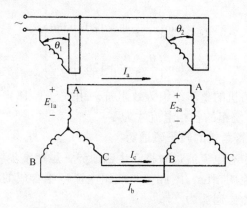

图 3-13　力矩式自整角机工作原理

1）力矩式自整角机整步绕组中的电动势与电流

在图 3-13 中，发送机的转子位置为 θ_1，接收机的转子位置为 θ_2，失调角 θ 为

$$\theta = \theta_1 - \theta_2 \tag{3-13}$$

由于励磁绕组为单相，当励磁绕组中有励磁电流时，在电机的气隙中将产生脉振磁通势，脉振磁通势在各整步绕组中感应出变压器电动势，由于各绕组在空间的位置不同，三相整步绕组中的感应电动势相位互差 120°，其幅值大小相等，即

$$E = 4.44 f N k_w \Phi_m \tag{3-14}$$

式中，Φ_m 为每极磁通幅值；f 为励磁电源频率（即主磁通的脉振频率）；N 为整步绕组每相匝数；k_w 为整步绕组基波绕组系数。

每相整步绕组的感应电动势：

对于发送机有

$$
\left.\begin{array}{l}
E_{1a} = E\cos\theta_1 \\
E_{1b} = E\cos\ (\theta_1 - 120°) \\
E_{1c} = E\cos\ (\theta_1 + 120°)
\end{array}\right\} \tag{3-15}
$$

对于接收机有

$$
\left.\begin{array}{l}
E_{2a} = E\cos\theta_2 \\
E_{2b} = E\cos\ (\theta_2 - 120°) \\
E_{2c} = E\cos\ (\theta_2 + 120°)
\end{array}\right\} \tag{3-16}
$$

各相绕组中总电动势为

$$
\left.\begin{array}{l}
E_a = E_{2a} - E_{1a} = 2E\sin\dfrac{\theta_1 + \theta_2}{2}\sin\theta \\[2mm]
E_b = 2E\sin\left(\dfrac{\theta_1 + \theta_2}{2} - 120°\right)\sin\theta \\[2mm]
E_c = 2E\sin\left(\dfrac{\theta_1 + \theta_2}{2} + 120°\right)\sin\theta
\end{array}\right\} \tag{3-17}
$$

各相绕组中的电流为

$$
\left.\begin{array}{l}
I_a = \dfrac{E_a}{2Z_a} = I\sin\dfrac{\theta_1 + \theta_2}{2}\sin\theta \\[2mm]
I_b = I\sin\left(\dfrac{\theta_1 + \theta_2}{2} - 120°\right)\sin\theta \\[2mm]
I_c = I\sin\left(\dfrac{\theta_1 + \theta_2}{2} + 120°\right)\sin\theta
\end{array}\right\} \tag{3-18}
$$

式中，Z_a 为自整角机的整步绕组等效阻抗。由式（3-18）可知，只有失调角 $\theta = 0°$ 时，整步绕组的各相电流才为零。

2）力矩式自整角机的转子磁通势

当整步绕组中有电流流过时将产生磁通势，虽然整步绕组为三相绕组，但各相流过的电流同相位，因此整步绕组电流产生合成的磁通势仍为脉振磁通势。每极脉振磁通势为

$$
\left.\begin{array}{l}
F_{1a} = \dfrac{4}{\pi}\sqrt{2}\,INk_w\sin\dfrac{\theta_1 + \theta_2}{2}\sin\theta = F\sin\dfrac{\theta_1 + \theta_2}{2}\sin\theta \\[2mm]
F_{1b} = F\sin\left(\dfrac{\theta_1 + \theta_2}{2} - 120°\right)\sin\theta \\[2mm]
F_{1c} = F\sin\left(\dfrac{\theta_1 + \theta_2}{2} + 120°\right)\sin\theta
\end{array}\right\} \tag{3-19}
$$

将脉振磁通势分解为两个互相垂直的直轴磁通势 F_d 和交轴磁通势 F_q，则合成磁通势 F 为直轴磁通势和交轴磁通势的矢量和。

发送机的交轴磁通势分量为

$$
\begin{aligned}
F_q &= F_{qa} + F_{qb} + F_{qc} \\
&= -F_{1a}\sin\theta_1 - F_{1b}\sin\ (\theta_1 - 120°)\ - F_{1c}\sin\ (\theta_1 + 120°) \\
&= -\frac{3}{4}F\sin\theta \tag{3-20}
\end{aligned}
$$

发送机的直轴磁通势分量为

$$F_d = F_{da} + F_{db} + F_{dc}$$
$$= F_{1a}\cos\theta_1 + F_{1b}\cos(\theta_1 - 120°) + F_{1c}\cos(\theta_1 + 120°)$$
$$= -\frac{3}{4}F(1 - \cos\theta) \tag{3-21}$$

合成磁通势的幅值为

$$F_1 = \sqrt{F_q^2 + F_d^2} = \frac{3}{2}F\sin\frac{\theta}{2} \tag{3-22}$$

合成磁通势的相位角 α 定义为合成磁通势与交轴磁通势的夹角，则

$$\tan\alpha_1 = \frac{F_d}{F_q} = \frac{1 - \cos\theta}{\sin\theta} \tag{3-23}$$

通过式（3-23）求得 $\alpha_1 = \frac{\theta}{2}$

同理可求得接收机的整步磁通势为

$$F_2 = \frac{3}{2}F\sin\frac{\theta}{2} \tag{3-24}$$

$$\alpha_2 = \frac{\theta}{2}$$

3）力矩式自整角机的转矩

力矩式自整角机的电磁转矩由励磁磁通与整步绕组磁通势相互作用产生。当失调角较小时，可以认为直轴磁通势 $F_d = 0$，转矩主要由直轴磁通与交轴磁通势相互作用产生。整步转矩可通过下式计算

$$T = k_1 F_q \Phi_d \cos\varphi \tag{3-25}$$

式中，k_1 为转矩系数，φ 为直轴磁通势与交轴磁通势间的夹角。力矩式自整角机接收机的转动就是在此整步转矩的作用下进行的。当失调角不为零时，交轴磁通势不为零，因此整步转矩存在，直到失调角为零为止。

2. 控制式自整角机的结构与工作原理

控制式自整角机与力矩式自整角机的结构基本相同，所不同的是接收机的励磁绕组不再与发送机的励磁绕组接在同一励磁电源上，而是开路做信号输出端使用。控制式自整角机的工作原理如图3-14所示。

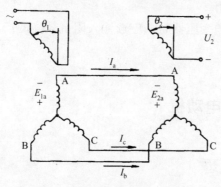

图3-14　控制式自整角机工作原理

接收机整步绕组在输出绕组中感应的变压器电动势为

$$E_2 = E_{2m}\sin\theta \tag{3-26}$$

式中，E_{2m} 是 $\theta = 90°$ 时的输出绕组最大感应变压器电动势。

当接收机空载时，变压器感应电动势即为输出电压，即 $U_2 = E_2$。

3.3.2　自整角机的误差分析与选用时应注意的问题

力矩式自整角机的误差主要有零位误差和静态误差。

力矩式自整角发送机加励磁电压后，通过旋转整步绕组可使一组整步绕组的线电动势为零，该位置即为基准电气零位。从基准电气零位开始，转子每转过 60° 电角度，在理论上应当有一组整步绕组线电动势为零，但由于设计及加工工艺等因素的影响，实际电气零位和理论电气零位之间有差异，实际电气零位与理论电气零位的差即为发送机的零位误差。

在力矩式自整角机系统中，当发送机与接收机处于静态协调时，接收机与发送机转子转角之差，称为力矩式自整角接收机的静态误差。力矩式自整角机的静态误差是衡量接收机跟随发送机的静态准确程度的指标。静态误差小，则接收机跟随发送机的能力强。力矩式自整角机的静态误差主要取决于比整步转矩（失调角 $\theta = 1°$ 时产生的整步转矩称为比整步转矩）和摩擦力矩的大小。控制式自整角机的误差主要有电气误差、零位电压误差。

力矩式和控制式自整角机各具有不同的特点，应该根据实际需要合理选用。力矩式自整角机常应用于精度较低的指示系统，如液面的高低、闸门的开启度、液压电磁阀的开闭，船舶的舵角、方位和船体倾斜的指示，核反应堆控制棒位置的指示等。而控制式自整角机适用于精度较高、负载较大的伺服系统，如雷达高低角自动显示系统等。

选用自整角机还应注意以下 4 个问题。

（1）自整角机的励磁电压和频率必须与使用的电源符合，若电源可任意选择时，应选用电压较高（一般是 40V）的自整角机，其性能较好，体积较小。

（2）相互连接使用的自整角机，其对应绕组的额定电压和频率必须相同。

（3）在电源容量允许的情况下，应选用输入阻抗较低的发送机，以便获得较大的负载能力。

（4）选用自整角变压器时，应选输入阻抗较高的产品，以减轻发送机的负载。

✓⁺ 3.4　步进电动机

3.4.1　工作原理

步进电动机是控制电机的一种，步进电动机用电信号进行控制，以实

现对生产过程或设备的数字控制。步进电动机是过程控制中一种十分重要的常用的功率执行器件。步进电动机一般采用开环控制,近年来由于计算机应用技术的发展,步进电动机常常和计算机一起组成高精度的数字控制系统。

1. 步进电动机的结构

步进电动机是数字控制系统中一种十分重要的自动化执行元件。它和计算机数字系统结合,可以把脉冲数转换成角位移,并且可用做电磁制动轮、电磁差分器、电磁减法器或角位移发生器等。步进电动机根据作用原理和结构,基本上可以分为两大类型。

【第一类】电磁型步进电动机。这种步进电动机是早期的步进电动机,它通常只有一个绕组,仅靠电磁作用还不能使电动机的转子作步进运动,必须加上相应的机械部件才能产生步进的效果。第一类步进电动机有螺线管和轮形步进电动机。

【第二类】定子和转子间仅靠电磁作用就可以产生步进作用的电动机。这种电动机一般有多相绕组,在定子和转子间没有机械联系。这种电动机有良好的可靠性及快速性。工业应用上大量用做状态伺服元件、状态指示元件及功率伺服拖动元件,有时也作为位置控制、速度控制元件。在计算机应用系统中,都是使用第二类步进电动机。在本节中介绍的功率接口及其有关技术,都是对第二类步进电动机而言的。

在第二类步进电动机中,根据转子的结构形式,可以分成永磁转子电动机或磁阻转子电动机,它们也简称为永磁式步进电动机或磁阻式步进电动机。在永磁式步进电动机中,它的转子是用永久磁钢制成的,也有通过集电环由直流电源供电的励磁绕组制成的转子,在该类步进电动机中,转子中产生励磁。与永磁式步进电动机不同,在磁阻式步进电动机中,其转子由软磁材料制成齿状,转子的齿也称显极,在这种步进电动机的转子中没有励磁绕组。

磁阻式步进电动机有力矩/惯性比高、步进频率高、频率响应快、可双向旋转、结构简单和寿命长等特点。在计算机应用系统中大量使用的是磁阻式步进电动机。本节以磁阻式步进电动机为例介绍步进电动机的原理及结构。

2. 磁阻式步进电动机的工作原理

磁阻式步进电动机原理如图 3-15 所示。这是一个三相磁阻式步进电动机。

从图中可以看出,磁阻式步进电动机由定子和转子两大部分组成。在定子上有 3 对磁极,磁极上装有励磁绕组。励磁绕组分为 3 相,分别为 A、B 和 C 三相绕组。步进电动机的转子是由软磁材料制成,在转子上均匀分布 4 个凸极,极上不装绕组,转子的凸极也称为转子的齿。

当步进电动机的 A 相通电,B 相和 C 相不通电时,由于 A 相绕组产生

的磁通要经过磁阻最小的路径形成闭合磁路，这样将使转子齿1、3和定子的A相对齐，如图中3-15（a）所示。当A相断电，改为B相通电时，同A相通电时情况一样，磁通也要经过磁阻最小的路径形成闭合磁路，这样转子逆时针转过一定角度，使转子齿2、4与B相对齐，转子在空间转过的角度为30°，如图3-15（b）所示。当由B相改为C相通电时，同样可使转子逆时针转过30°空间角度，如图3-15（c）所示。

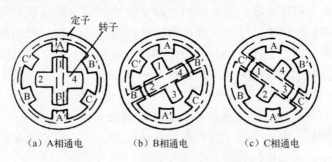

(a) A相通电   (b) B相通电   (c) C相通电

图3-15 三相磁阻式步进电动机原理

若按照 A—B—C—A 的通电顺序往复下去，则步进电动机的转子将按一定速度沿逆时针方向旋转，步进电动机的转速取决于三相控制绕组的通、断电源的频率。当按照 A—C—B—A 顺序通电时，步进电动机的转动方向将改为顺时针。

在步进电动机控制过程中，定子绕组每改变一次通电方式，称为一拍。上述的通电控制方式，由于每次只有一相控制绕组通电，称为三相单三拍控制方式。除此种控制方式外，还有三相单、双六拍工作方式和三相双三拍控制方式。在三相单、双六拍工作方式中，控制绕组通电顺序为 A—AB—B—BC—C—CA—A（转子顺时针旋转）或 A—AC—C—CB—B—BA—A（转子逆时针旋转）。在三相双三拍控制方式中，控制绕组的通电顺序为 AB—BC—CA—AB 或 AC—CB—BA—AC。有关三相单、双六拍和三相双三拍控制时转子转动情况请读者自己进行分析。

步进电动机每改变一次通电状态（一拍）转子所转过的角度称为步进电动机的步距角。从图3-15中可看出，三相单三拍的步距角为30°，而三相单、双六拍为15°，三相双三拍的步距角为30°。

以上讨论的是最简单的磁阻式步进电动机的工作原理，这种步进电动机的步距角较大，不能满足生产实际的需要，实际使用的步进电动机定子、转子的齿都比较多，而步距角一般较小。图3-16所示为小步距角磁阻式步进电动机的原理图。

步进电动机的步距角 θ_{se} 可通过下式计算

$$\theta_{se} = \frac{360°}{mZ_r C} \qquad (3-27)$$

式中，m 为步进电动机的相数，对于三相步进电动机 $m=3$；C 为通电状态系数，对于单拍或双拍方式工作时 $C=1$，单双拍混合方式工作时 $C=2$；Z_r 为步进电动机转子的齿数。

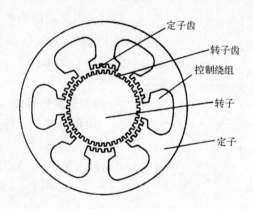

图 3-16 小步距角磁阻式步进电动机

步进电动机的转速可通过下式计算

$$n = \frac{60f}{mZ_rC} \qquad (3-28)$$

式中，f 为步进电动机每秒的拍数（或每秒的步数），称为步进电动机的通电脉冲频率。

3. 磁阻式步进电动机的静特性

步进电动机的静特性是指步进电动机的通电状态不变、电动机处于稳定的状态下所表现的性质。步进电动机的静特性包括矩角特性和最大静态转矩。

1）矩角特性

步进电动机在空载条件下，控制绕组通入直流电流，转子最后处于稳定的平衡位置称为步进电动机的初始平衡位置。由于不带负载，此时的电磁转矩为零。步进电动机偏离初始平衡位置的电角度，称为失调角。在磁阻式步进电动机中，转子的一个齿距所对应的电角度为 2π。

步进电动机的矩角特性是指在不改变通电状态的条件下，步进电动机的静态转矩与失调角之间的关系。矩角特性用 $T = f(\theta)$ 表示，其正方向取失调角增大的方向。矩角特性可通过下式计算

$$T = -kI^2\sin\theta \qquad (3-29)$$

式中，k 为转矩常数，I 为控制绕组电流，θ 为失调角。

从式（3-29）可看出，步进电动机的静转矩 T 与控制绕组的电流 I 的二次方成正比（忽略磁路饱和），因此控制绕组的电流，即可控制步进电动机的静态转矩，电流大，转矩也大。矩角特性为正弦曲线。

由矩角特性可知，在静态转矩作用下，转子有一个平衡位置。在空载条件下，转子的平衡位置可通过令 $T = 0$ 求得，当 $\theta = 0$ 时 $T = 0$，当因某种原因使转子偏离 $\theta = 0$ 点时，电磁转矩都能使转子恢复到 $\theta = 0$ 的点，因此 $\theta = 0$ 的点为步进电动机的稳定平衡点；当 $\theta = \pm\pi$ 时，同样也可使 $T = 0$，但当 $\theta > \pi$ 或 $\theta < -\pi$ 时，转子因某种原因离开 $\theta = \pm\pi$ 时，电磁转矩却不能再恢复到原平衡点，因此 $\theta = \pm\pi$ 为不稳定的平衡点。两个不稳定

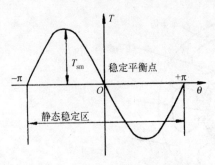

图 3-17　步进电动机的矩角特性

的平衡点之间即为步进电动机的静态稳定区域，稳定区域为 $-\pi < \theta < +\pi$。图 3-17 所示为步进电动机的矩角特性。

2）最大静转矩

矩角特性中，静态转矩的最大值称为最大静态转矩。当 $\theta = \pm\pi/2$ 时，T 有最大值 T_{sm}。最大静态转矩

$$T_{sm} = kI^2$$

4. 磁阻式步进电动机的动特性

步进电动机的动特性是指步进电动机从一种通电状态转换到另一种通电状态所表现出的性质。动态特性包括动稳定区、起动转矩、起动频率及频率特性等。

1）动稳定区

步进电动机的动稳定区是指使步进电动机从一个稳定状态切换到另一稳定状态而不失步区域。如图 3-18 所示，设步进电动机的初始状态的矩角特性为图中曲线 1，稳定点为 A 点；通电状态改变后的矩角特性为曲线 2，稳定点为 B 点。由矩角特性可知，起始位置只有在 ab 点之间时，才能到达新的稳定点 B，称 ab 区间为步进电动机的空载稳定区。用失调角表示的区间为

$$-\pi + \theta_{se} < \theta < \pi + \theta_{se}$$

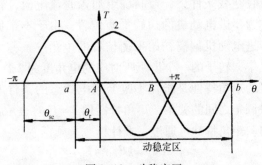

图 3-18　动稳定区

稳定区的边界点到初始稳定平衡点 A 的角度，用 θ_r 表示，称为稳定裕量角，稳定裕量角与步距角 θ_{se} 之间的关系为

$$\theta_r = \pi - \theta_{se} = \frac{\pi}{mC}\ (mC - 2) \tag{3-30}$$

稳定裕量角越大，步进电动机运行越稳定，当稳定裕量角趋于零时，步进电动机不能稳定工作。步距角越大，裕量角也就越大。

2）起动转矩

理论分析表明，磁阻式步进电动机的最大起动转矩与最大静态转矩之间有如下关系

$$T_{\text{st}} = T_{\text{sm}} \cos \frac{\pi}{mC} \qquad (3\text{-}31)$$

式中，T_{st} 为最大起动转矩。

当负载转矩大于最大起动转矩时，步进电动机将不能起动。

3）起动频率

步进电动机的起动频率是指在一定负载条件下，电动机能够不失步地起动脉冲的最高频率。影响最高起动频率的因素有以下 4 个。

（1）起动频率 f_{st} 与步进电动机的步距角 θ_{se} 有关。步距角越小，起动频率越高。

（2）步进电动机的最大静态转矩越大，起动频率越高。

（3）转子齿数多，步距角小，起动频率高。

（4）电路时间常数大，起动频率降低。

对于使用者而言，要想增大起动频率，可增大起动电流或减小电路的时间常数。

4）频率特性

步进电动机的主要性能指标是频率特性曲线。步进电动机的频率特性曲线的纵坐标为转动力矩，用 T 表示，横坐标为转动频率，而根据一个步进电动机的工作频率及其对应转动力矩所做出的曲线，就是反映步进电动机性能的频率特性曲线了。典型的步进电动机频率特性曲线如图 3-19 所示。从图中可看出，步进电动机的转矩随频率的增大而减小。步进电动机的频率特性曲线和许多因素有关，这些因素包括步进电动机的转子直径、转子铁心有效长度、齿数、齿形、齿槽比、步进电动机内部的磁路、绕组的绕线方式、定转子间的气隙、控制线路的电压等。很明显，其中有的因素是步进电动机在制造时已确定的，使用者是不能改变的，但有些因素使用者是可以改变的，如控制方式、绕组工作电压、线路时间常数等。

【控制方式对频率特性的影响】

对于同一台三相磁阻式步进电动机，单三拍控制方式的频率特性最差，六拍工作方式频率特性最好，而双三拍介于二者之间，使用时最好为六拍工作方式。

【线路时间常数对频率特性的影响】

步进电动机的每相绕组供电都是由功率开关电路来完成的。步进电动机一相绕组开关电路如图 3-20 所示。其中 L 为步进电动机绕组电感，R_{L} 为绕组电阻，R_{C} 为晶体管 VT 的集电极电阻，VD 为续流二极管，它为绕组放电提供回路，晶体管 VT 是大功率开关管。R_{C} 是外接的功率电阻，它是一个消耗性负载，一般为数欧。这时，线路的时间常数 T_{j} 为

$$T_{\text{j}} = \frac{L}{R_{\text{L}} + R_{\text{C}}} \qquad (3\text{-}32)$$

线路时间常数小，步进电动机的频率特性好，同时时间常数小也可使起动频率增高，因此在实际使用时应尽量减小时间常数。为了减少时间常数，可增大电阻 R_{C} 的电阻值，为了不使稳态电流减少，在增大电阻的同

时，可采用提高供电电压的方法。在实际应用中，可根据客观情况来考虑选择恰当的外部电阻 R_C，使步进电动机处于合适的工作状态。

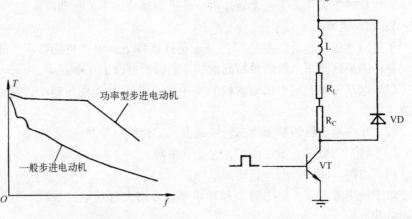

图 3-19　步进电动机频率特性曲线　　图 3-20　步进电动机一相绕组开关电路

【开关回路电压对频率特性的影响】

步进电动机绕组的开关回路电压，有时也称步进电动机的电压，这个电压是指控制绕组通电或断电的功率开关回路的供电电压，而不是指加在电动机绕组两端的电压。开关回路电压如图 3-20 中所示的 U，而加到步进电动机绕组两端的电压则要比 R_C 上的电压小得多，因为在大功率晶体管 VT 和外接电阻 R_C 上存在压降。在步进电动机上所标称的电气参数，包括电压和电流，都和通常的电动机意义不同，它们不是额定的电压、电流值。步进电动机的电压和电流是可以改变的，实际使用时作为参考，但实际电压、电流不应与步进电动机所标电压、电流相差很多。

在外接电阻 R_C 的阻值不变时，单纯地提高开关回路电压，必定会使步进电动机绕组的电流加大，步进电动机的力矩会随之提高。同时，开关回路电压的提高，会使电流的上升率提高，故步进电动机的工作频率也会提高。在改变外接电阻 R_C 的电阻值时，无论开关回路的电压是否改变，步进电动机的电气参数和频率特性均随之改变。通常在改变开关电压的同时改变外接电阻的值，即增大电阻的同时提高开关电压使步进电动机的频率特性得到改善。

步进电动机的工作频率范围可分为 3 个区间，即低频区、共振区、高频区。在这 3 个区间中转子的情况有所不同，下面分析这 3 个区间转子的状态。

对于一台步进电动机来说，它的理想频率特性曲线应该是一条十分光滑的连续曲线，在低频区电磁力矩较大，在高频区其转动力矩较小。如果在曲线上出现毛刺或下凹点，就表示电动机在该点上有振荡产生。因为毛刺和下凹点说明电动机这时的力矩下降，显然是有部分能量消耗于振荡之中。当步进电动机运行在很低的频率下，虽然在曲线上不出现下凹点，但因为这时是单步运行状态，故也会有明显的振荡。

　　另外，步进电动机工作状态的改变也会产生振荡现象。例如，当一个步进电动机在正常步进旋转时，突然制动，则无论步进电动机原来以什么换相频率工作，都会产生振荡。再者，在改善电路时间常数、加大回路电压提高工作频率时，也会产生分频振荡点。当步进电动机进行单步转旋时，其工作频率必定处于低频区。在开始工作时，转子的磁场力指向平衡点，又形成反向过冲，由于机械摩擦力矩及电磁力矩的作用，形成一个衰减振动过程。最后，转子则稳定停在平衡点。

　　当步进电动机运行在主振区时，转了在每步转动中，它的振动有可能不表现为衰减运动；在转子反冲过平衡点时，如果它的冲幅足够大，则会返回原来的平衡点稳定下来，显然，这会引起失步。对于步进电动机的控制系统来说，振荡所产生的最严重后果就是失步，而不是过冲。

　　当步进电动机运行在高频区时，由于换相周期很短，故步进的周期很短，绕组中的电流尚未达到稳定值，电动机吸收的能量不够大，且转子也没有时间反向过冲，所以这时是不会产生振荡的。

　　在使用步进电动机时，应使步进电动机工作于高频稳定区。

3.4.2 驱动电源

　　步进电动机的驱动电源与步进电动机是一个相互联系的整体，步进电动机的性能是由电动机和驱动电源相配合反映出来的，因此步进电动机的驱动电源在步进电动机中占有相当重要的位置。

1. 对驱动电源的基本要求

　　步进电动机的驱动电源应满足下述要求。
　　（1）驱动电源的相数、通电方式、电压和电流都应满足步进电动机的控制要求。
　　（2）驱动电源要满足起动频率和运行频率的要求，能在较宽的频率范围内实现对步进电动机的控制。
　　（3）能抑制步进电动机的振荡。
　　（4）工作可靠，对工业现场的各种干扰有较强的抑制作用。

2. 步进电源的组成

　　步进电动机的控制电源一般由脉冲信号发生电路、脉冲分配电路和功率放大电路等部分组成。脉冲信号发生电路产生基准频率信号供给脉冲分配电路，脉冲分配电路完成步进电动机控制的各相脉冲信号，功率放大电路对脉冲分配回路输出的控制信号进行放大，驱动步进电动机的各相绕组，使步进电动机转动。脉冲分配器有多种形式，早期的有环形分配器，现在逐步被单片机所取代。功率放大电路对步进电动机的性能有十分重要的作用，功率放大电路有单电压、双电压、斩波型、调频调压型和细分型等多种形式。近年来出现将控制信号形成和功率放大电路集成为一体的控制电源。

1) 单电压功放电路

单电压功放电路参见图3-20。单电压功放电路是步进电动机控制电路中的最简单的一种驱动电路，其特点是结构简单，但它的效率较低，在高频时效率更差，一般只适合小功率步进电动机的驱动。

单电压驱动电路有多种改进形式，图3-21所示为基本改进型单电源驱动电路，其特点是电容C改善注入步进电动机绕组的电流前沿，在高频时提高效率；电阻R_D使回路时间常数变小，改善控制电路的高频性能。图3-22所示为单电压恒流功放步进电动机驱动电路，该电路用三极管组成的恒流源代替了外接电阻，使线路的等效电阻大大提高，系统的时间常数变小。采用恒流源电路可有效改善驱动电源的效率，使电源效率较高。

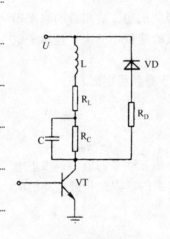

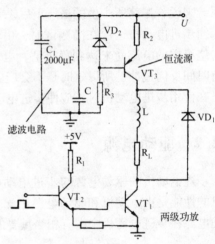

图3-21　基本改进型
驱动电源驱动电路

图3-22　单电压恒流功放步进电动机驱动电路

2) 双电压功放电路

双电压功放电路是采用两种电源电压供电的功放电路。该类功放电路主要解决驱动信号前沿上升慢、过渡时间长等问题。其特点是高压使驱动信号前沿变陡，使瞬态过程变短，相当于使系统时间常数变小，低压使步进电动机电流稳定，保持为稳态电流，步进电动机在低压电流作用下，完成步进过程。

采用双电压功放不仅可有效地提高步进电动机的工作频率，还可使步进电动机的高频力矩得到提高，因此该类驱动电路常用于中功率和大功率步进电动机的驱动电路中。图3-23所示为一简单的双电压功放驱动电路。图中U_1为高电压电源，U_2为低电压电源。为保证在前沿时高压电源起作用，正常驱动

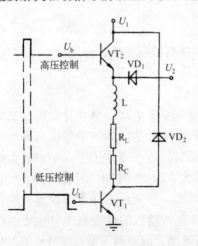

图3-23　双电压功放驱动电路

时，高压电源不起作用，而由低压电源起作用，整个电路的控制信号不能共用一个，必须产生一个高压驱动信号。高压驱动信号和正常工作信号相互配合完成一步驱动工作。

3）细分控制功放驱动电路

步进电动机的转动是靠脉冲电压完成的，对应一个脉冲电压，步进电动机转子转动一步，步进电动机的各相绕组电流轮流切换，使转子旋转。如果每次进行脉冲切换时仅改变对应绕组中额定电流的一部分，那么转子相应的每步转动也只是原步距角的一部分。通过控制绕组中电流数值即可控制转子的步距角的大小。这种把原步距细分成若干步来完成的控制方式称为细分控制方式。

步进电动机中对电流进行细分，本质是在绕组上对电流进行叠加，把原来的矩形电流波形供电变为阶梯电流波形供电。

细分控制可使步进电动机的步距角变小，从而提高步进电动机的控制精度。

关于步进电动机的控制电路还有许多形式，如晶闸管功放电路、斩波型功放电路及调频调压功放电路等，此外市场上也有一体化步进电动机驱动电路。关于步进电动机的驱动电路，有兴趣的读者可参阅有关资料。

✓⁺ 小结

本章主要从使用的角度介绍了常用的控制电机。通过本章的学习应当掌握以下内容。

一、伺服电动机的原理与应用

1. 直流伺服电动机、交流伺服电动机的工作原理

直流伺服电动机的工作原理与普通直流电动机相同，交流伺服电动机的工作原理同两相交流电动机。伺服电动机在控制系统中，主要作为执行元件，因此要求伺服电动机的起动、制动及跟随性能要好，交流伺服电动机无控制电压时，应无自转现象。伺服电动机的转子与普通电动机不同，直流伺服电动机的转子要求低惯量以保证起动、制动特性；交流伺服电动机除要求低惯量外，转子的电阻还要大，以克服自转现象。直流伺服电动机输出功率大，交流伺服电动机输出功率小。

2. 伺服电动机的特性

直流伺服电动机的特性可通过下式获得，从式中看出，直流伺服电动机的特性较好，其机械特性和调节特性均为线性的。

$$n = \frac{U}{k_e} - \frac{R_a}{k_e k_t} T$$

交流伺服电动机的特性是非线性的，相位控制方式特性最好。

3. 伺服电动机的控制方式

直流伺服电动机的控制方式比较简单，可通过控制电枢电压实现对直流伺服电动机的控制。交流伺服电动机的控制方式分为幅值控制、相位控制和幅相控制 3 种。3 种控制方式中相位控制方式特性最好，幅相控制线路最简单。

二、测速发电机的原理与应用

1. 测速发电机的工作原理

测速发电机是测量转速的一种测量电机。根据测速发电机所发出电压的不同，测速发电机可分为直流测速发电机和异步测速发电机两类。直流测速发电机的工作与直流发电机相同；异步测速发电机的工作原理可通过下式进行说明：

转子切割电动势　$E_r = C_r \Phi_d n$

交轴磁通　$\Phi_q \propto F_{rq} \propto F_r \propto E_r \propto n$

输出绕组电动势　$E_2 \propto \Phi_q \propto n$

因此，异步测速发电机的输出电压正比测速发电机的轴上转速。

2. 测速发电机的输出误差

直流测速发电机的误差主要有电枢反应引起的误差、电刷接触电阻引起的误差和纹波误差，交流测速发电机的误差主要有幅值及相位误差和剩余电压误差，使用时应当尽量减小误差的影响。直流测速发电机输出特性好，但由于有电刷和换向的问题限制其应用；交流测速发电机的惯量低，快速性好，但输出为交流电压信号且需要特定的交流励磁电源（最好为 400Hz 交流电源），使用时可根据实际情况选择测速发电机。

三、自整角机的原理及应用

自整角机是同步传递系统中的关键元件，使用时需要成对使用，一个作为发送机，另一个作为接收机。自整角机有两种，一种为力矩式自整角机，另一种为控制式自整角机。控制式自整角机的精度比力矩式自整角机高，主要应用于随动系统；力矩式自整角机输出力矩大，可直接驱动负载，一般用于控制精度要求不高的指示系统。

四、步进电动机的工作原理与控制方式

步进电动机是计算机控制系统中常用的执行元件，其作用是将控制脉冲信号转变为角位移或直线位移。步进电动机具有起动、制动特性好，反转控制方便，工作不失步，通过细分电路控制步距精度高等优点。步进电动机广泛应用于开环控制系统中，特别是数控机床的控制系统中。

步进电动机的电源对电动机的控制性能有较大影响，要求掌握各种步进电源的特点和适用场合。

✔ 思考题与习题

3-1　什么叫自转现象？两相伺服电动机如何防止自转？

3-2　直流伺服电动机的励磁电压下降，对电动机的机械特性和调节特

性有何影响？

3-3 一台直流伺服电动机带恒转矩负载，测得始动电压为 4V，当电枢电压为 50V 时，转速为 1500r/min，若要求转速为 3000r/min，则电枢电压应为多大？

3-4 为什么异步测速发电机的输出电压大小与电机转速成正比，而与励磁频率无关？

3-5 什么是异步测速发电机的剩余电压？如何减小剩余电压？

3-6 为什么直流测速发电机的负载电阻不能小于规定值？

3-7 磁阻式步进电动机的步距角如何计算？

3-8 为什么最大起动转矩比最大静转矩小得多？

3-9 简要说明动稳定区的概念。

3-10 步进电动机的驱动电源由哪几部分组成？

3-11 影响步进电动机性能的因素有哪些？使用时应如何改善步进电动机的频率特性？

第 4 章　电动机的继电控制

4.1　常用低压电器

　　凡是对电能的生产、输送、分配和使用起控制、调节、检测、转换及保护作用的电工器械均可称为电器。用于交流电压 1000V 以下、直流电压 1500V 以下电路起通/断、保护和控制作用的电器称为低压电器。低压电器的品种规格繁多，构造各异，按其用途可分为低压配电电器和低压控制电器；按其操作方式可分为自动电器和非自动电器；按其输出触点的工作形式分为有触点系统和无触点系统。综合考虑各种电器的功能和结构特点，正确选用各种电器元件，可以组成具有各种控制功能的控制电路，满足不同设备的控制要求。

　　当前，低压电器产品继续沿着体积小、质量轻、安全可靠、使用方便的方向发展，主要途径是利用微电子技术提高传统产品的性能；在产品品种方面，大力发展电子化的新型控制电器，如接近开关、光电开关、电子式时间继电器、固态继电器与接触器、漏电保护电器、电子式电机综合保护器和半导体起动器等，以适应控制系统迅速电子化的需要。

　　本节主要介绍机械设备电气控制系统中经常用到的低压电器器件，着重介绍部分技术先进、符合 IEC 标准的电器产品，为阅读和理解电气控制线路和正确使用及选择这些器件打下良好基础。

4.1.1　电磁式低压电器

　　电磁式电器在低压电器中占有十分重要的地位，在电气控制系统中应用最为普遍。各种类型的电磁式电器主要由电磁机构、操作机构和灭弧装置组成。电磁机构按其电源种类可分为交流和直流两种，电磁线圈还有电流线圈和电压线圈之分。低压电器的操作机构是指由触头构成的触头系统。大功率（大电流）低压电器通常还配有灭弧装置。

1. 电磁机构

　　电磁机构的主要作用是将电磁能量转换成机械能量，将电磁机构中吸引线圈的电流转换成电磁力，带动触头动作，完成通、断电路的控制作用。

　　电磁机构由铁心、衔铁和线圈等组成，其工作原理是当线圈中有工作电流通过时，产生足够的磁动势，从而在磁路中形成磁通，衔铁获得足够

的电磁吸力，克服弹簧的反作用力与静铁心吸合，由衔铁连接机构带动相应的操作机构产生输出（触点动作）。

从电磁机构的衔铁运动形式上看，铁心主要可分为拍合式和直动式两大类，图 4-1（a）所示为衔铁沿棱角转动的拍合式铁心，其铁心材料由电工软铁制成，它广泛用于直流电器中。图 4-1（b）所示为衔铁沿轴转动的拍合式铁心，铁心形状有 E 形和 U 形两种，其铁心由硅钢片叠成，多用于触点容量较大的交流电器中；图 4-1（c）所示为衔铁直线运动的双 E 形直动式铁心，它也是由硅钢片叠制而成的，多用于触头为中、小容量的交流接触器和继电器中。

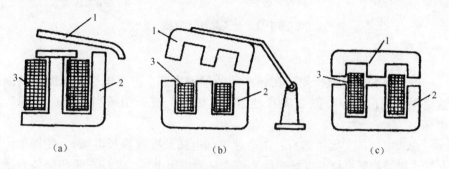

图 4-1 磁路结构
1—衔铁；2—铁心；3—吸引线圈

电磁线圈由漆包线绕制而成，根据流过线圈的电流种类，电磁线圈分为交流和直流两类。在交流电流产生的交变磁场中，为避免因线圈中交流电流过零时磁通过零点造成衔铁的抖动，需在交流电磁机构铁心的端部开槽，嵌入一个铜短路环（相当于另一相绕组），使环内感应电流产生的磁通与环外磁通不同时过零，线圈通电时电磁吸力 F 总是大于弹簧的反作用力，因而可以消除交流铁心的抖动，确保衔铁的可靠吸合。

【说明】对电磁式低压电器而言，电磁机构的作用是实现自动化操作，电磁机构实质上也是电磁铁的一种。电磁铁还有很多其他用途，如牵引电磁铁（拉动式和推动式），可以用于远距离控制和操作各种机械机构；阀用电磁铁，可以远距离控制各种气动阀、液压阀，以实现液压系统的自动控制；制动电磁铁则用来控制抱闸制动装置，实现快速停车制动；起重电磁铁用于起重和搬运铁磁物质等。

2. 触头系统

触头系统是电磁式电器的操作机构，由机械连接部件、静触点和动触桥（动触点）等部件构成，其作用是通过衔铁的动作使触点接通或分断电路，因此要求触头具有良好的接触性能。

触头的结构形式有桥式和指式两类，如图 4-2 所示。桥式触头有点接触式和面接触式两种结构，点接触式适用于电流不大的场合，面接触式适用于电流较大的场合。桥式触头通常采用含银材料作为触点，这是因为银

的氧化膜电阻率与纯银近似，可以避免触头表面氧化膜电阻率增加而造成接触不良，延长器件的使用寿命。指式触头在接通与分断时产生滚动摩擦，可以自动去除氧化膜，故其触头可以用黄铜制成，特别适合于触头分合次数多、电流大的场合。

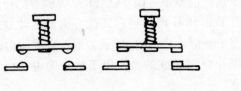

（a）桥式触头   （b）指式触头

图 4-2　触头结构示意图

3. 灭弧装置

触头在分断电流瞬间，在触头间的气隙中就会产生电弧，电弧的高温能将触头烧损，并可能造成其他事故。因此，应采用适当措施迅速熄灭电弧。

熄灭电弧的主要措施有：①迅速增加电弧长度（拉长电弧），使得单位长度内维持电弧燃烧的电场强度不够，从而熄灭电弧。②使电弧与流体介质或固体介质相接触，加强冷却和去游离作用，使电弧加快熄灭。电弧有直流电弧和交流电弧两类，交流电流存在电流的自然过零点，故其电弧较易熄灭。

低压控制电器常用的灭弧方法有机械灭弧法、窄缝（纵缝）灭弧法、栅片灭弧法、磁吹灭弧法等。

4.1.2　接触器

接触器是一种应用非常广泛的电磁式电器，可以频繁地接通和分断交、直流主电路，并可以实现远距离控制，主要用于控制电动机，也可以控制电容器、电阻炉和照明器具等电力负载。

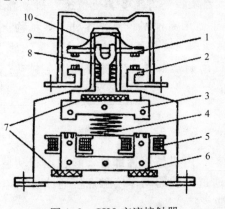

图 4-3　CJ20 交流接触器

1—动触头；2—静触头；3—衔铁；4—缓冲弹簧；
5—电磁线圈；6—铁心；7—垫毡；8—触头弹簧；
9—灭弧罩；10—触头压力弹簧片

接触器主要由电磁机构、主触头、辅助触头和灭弧装置组成。根据电源的种类，接触器可分为直流和交流两种。交流接触器通常有3对主触头，直流接触器有2对主触头。接触器的动、静触头一般置于灭弧罩内；有一种真空接触器则是将动触头密闭于真空泡中，它具有分断能力高、寿命长、操作频率高、体积小及质量轻等优点；由晶闸管等电力器件组成的无触点固态继电器有着广泛应用前景。CJ20 交流接触器结构示意图如图 4-3 所示。

随控制对象及其运动方式的不同，交流接触器的工作条件也有很大差别，按其接通和分断负载的条件可分为若干种使用类别，现列举几个主要使用类别：

电源种类	使用类别代号	典型用途举例
交流	AC－1	无感或微感负载、电阻炉
	AC－2	绕线转子异步电动机的起动、分断
	AC－3	笼型异步电动机的起动、运转中分断
	AC－4	笼型异步电动机的起动、反接制动
直流	DC1	无感或微感负载、电阻炉
	DC3	并励电动机的起动、反接制动、反向和点动
	DC5	串励电动机的起动、反接制动、反向和点动

常用的交流接触器型号有 CJ20、CJ24（对应老产品型号为 CJ10、CJ12 系列）、CJ40 等系列，引进技术生产和国外独资、合资生产的交流接触器有德国西门子的 3TB、3TF 系列，法国 TE 公司的 LC1、LC2 系列，德国 BBC 公司的 B 系列等接触器产品及派生系列的接触器产品。许多引进产品采用积木式结构，可以根据需要加装辅助触头、空气延时触头、热继电器及机械联锁附件。接触器的安装方式有螺钉固定和快速卡装式（卡装在标准导轨上）两种。

以 CJ20 系列为例，介绍其技术规格和型号表示的方法：

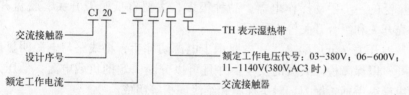

接触器的主要技术参数有主触点额定电流、吸引线圈电压等。

选择接触器时，应从其工作条件出发，主要考虑下列因素。

☺ 接触器类别与负载类别相一致，控制交流负载应选用交流接触器，控制直流负载则应选用直流接触器。

☺ 接触器的使用类别应与负载性质相一致。

☺ 主触头的额定工作电压应大于或等于负载电路的电压。

☺ 主触头的额定工作电流应大于或等于负载的电流。

【注意】接触器主触头的额定工作电流是在规定条件下（额定工作电压、使用类别、操作频率等）能够正常工作的电流值，当实际使用条件不同时，这个电流值也将随之改变。

对于电动机负载，接触器主触点额定电流常按下面的经验公式计算：

$$I_N = \frac{P_N \times 10^3}{KU_N}$$

式中，经验系数 $K = 1 \sim 1.4$。

☺ 吸引线圈的额定电压应与控制回路电压相一致，接触器在线圈额定电压 85% ~ 105% 时应能可靠地吸合。

☺ 主触头和辅助触头的数量应能满足控制系统的需要。接触器线圈主触头和辅助触头的电气图形符号及文字符号如图 4-4 所示，图中辅助触头分为动合（常开）触头和动断（常闭）触头两大类，其图形符号除如图所示外，还可与主触头符号一致（带半圆标志）。

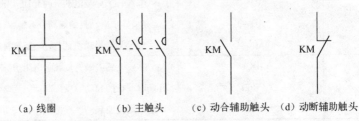

（a）线圈　　　　（b）主触头　　　（c）动合辅助触头　（d）动断辅助触头

图 4-4　接触器电气图形符号及文字符号

4.1.3　低压隔离器和低压断路器

低压大电流开关电器有低压隔离器（刀开关）和低压断路器两大类，主要用于电源的隔离、转换，以及接通和分断电路。

1. 刀开关

刀开关也称低压隔离器。刀开关是低压电器中结构比较简单、应用十分广泛的一类手动操作电器，品种很多，主要有低压刀开关、胶盖开关、铁壳开关和组合开关等 4 种。

刀开关（低压隔离器）主要用于电源切除后，将线路与电源明显地隔离开，以保障检修人员的安全。并且可以分断一定的负载电流。低压刀开关由操纵手柄、触刀、触头插座和绝缘底板等组成。

刀开关的主要类型有：带灭弧装置的大容量开启式刀开关、熔断器式刀开关、带熔断器的开启式负荷开关（胶盖开关）、带灭弧装置和熔断器的封闭式负荷开关（铁壳开关）等。熔断器式刀开关由刀开关和熔断器组合而成，故兼有电源隔离和电路保护功能；铁壳开关除带有灭弧装置和熔断器外，还有弹簧储能机构，可快速分断和接通，可用于手动不频繁接通和分断负载的电路，并对电路有过载和短路保护作用。

刀开关的主要产品有：HD11 ~ HD14、HS11 ~ HS13 单/双投开启式刀开关，HD17、HD18、HS17 等系列刀开关和 HD13D 系列电动式大电流刀开关，HG1、HH15、HR3/5/6/17 等系列熔断器式刀开关，HK1、HK2 系列胶盖开关，HH3、HH4 系列负荷（铁壳）开关。

刀开关型号举例：

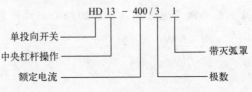

HD13-400/31 为带灭弧罩中央杠杆操作的三极单投向刀开关，其额定电流为 400A。刀开关代号 HD 为单投向开关，HS 为双投向开关。

刀开关的主要技术参数包括额定电压（长期工作所承受的最大电压）、额定电流（长期通过的最大允许电流）及分断能力等。选择刀开关时，刀开关的额定电压应大于或等于线路的额定电压，额定电流应大于或等于线路的额定电流。刀开关符号如图 4-5 所示。

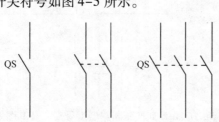

(a) 单极　　　(b) 双极　　　(c) 三极

图 4-5　刀开关符号

2. 低压断路器

低压断路器又称为自动空气开关，主要用于低压动力电路分配电能和不频繁通/断负载电路，并具有故障自动跳闸（自动切断故障电路）功能。常见的故障保护功能有：过电流（含短路）保护、欠电压保护、过载保护等。在跳闸（脱扣）故障排除后手动复位，一般不需要更换零部件，因而获得了广泛应用。按照结构形式，低压断路器分为框架式（又称万能式）和塑料外壳式（又称装置式）两大类。框架式断路器为敞开式结构，适用于大容量配电装置；塑料外壳式断路器的特点是外壳用绝缘材料制作，具有良好的安全性，广泛用于电气控制设备及建筑物内的电源线路保护，以及对电动机进行过载和短路保护。

低压断路器由触头系统、灭弧装置、各种可供选择的脱扣器与操作机构、自由脱扣机构等部分组成。各种脱扣器包括过电流、欠电压（失压）脱扣器和热脱扣器及试验脱扣等。

低压断路器的主要参数包括额定工作电压、壳架额定电流等级、极数、脱扣器类型及额定电流、短路分断能力等。

常用的低压断路器有 DW15、DW16、DW17、DW15HH 等系列万能式断路器，DZ5、DZ10、DZX10、DZ15、DZ20 等系列塑料外壳式断路器。

例如，DZ20-40 型低压断路器，断路器为塑料外壳式结构，设计代号为 20，主触点额定电流为 40A。DZ20 系列低压断路器型号意义及其图形符号如图 4-6 所示。

4.1.4　控制继电器

控制继电器根据某种信号变化，接通或断开控制电路，实现控制目的。主要由输入电路（又称感应元件）和输出电路等组成，输出电路通常是触

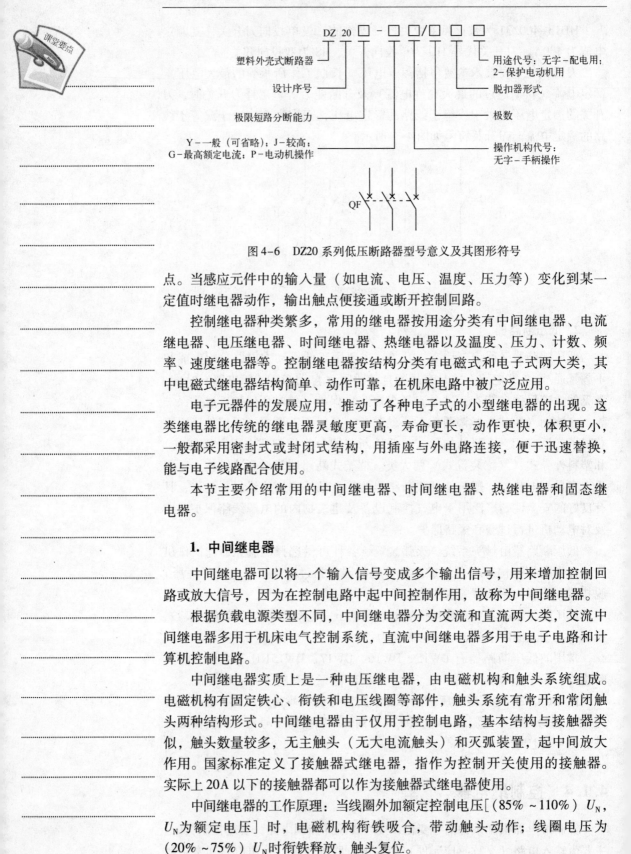

图 4-6　DZ20 系列低压断路器型号意义及其图形符号

点。当感应元件中的输入量（如电流、电压、温度、压力等）变化到某一定值时继电器动作，输出触点便接通或断开控制回路。

控制继电器种类繁多，常用的继电器按用途分类有中间继电器、电流继电器、电压继电器、时间继电器、热继电器以及温度、压力、计数、频率、速度继电器等。控制继电器按结构分类有电磁式和电子式两大类，其中电磁式继电器结构简单、动作可靠，在机床电路中被广泛应用。

电子元器件的发展应用，推动了各种电子式的小型继电器的出现。这类继电器比传统的继电器灵敏度更高，寿命更长，动作更快，体积更小，一般都采用密封式或封闭式结构，用插座与外电路连接，便于迅速替换，能与电子线路配合使用。

本节主要介绍常用的中间继电器、时间继电器、热继电器和固态继电器。

1. 中间继电器

中间继电器可以将一个输入信号变成多个输出信号，用来增加控制回路或放大信号，因为在控制电路中起中间控制作用，故称为中间继电器。

根据负载电源类型不同，中间继电器分为交流和直流两大类，交流中间继电器多用于机床电气控制系统，直流中间继电器多用于电子电路和计算机控制电路。

中间继电器实质上是一种电压继电器，由电磁机构和触头系统组成。电磁机构有固定铁心、衔铁和电压线圈等部件，触头系统有常开和常闭触头两种结构形式。中间继电器由于仅用于控制电路，基本结构与接触器类似，触头数量较多，无主触头（无大电流触头）和灭弧装置，起中间放大作用。国家标准定义了接触器式继电器，指作为控制开关使用的接触器。实际上 20A 以下的接触器都可以作为接触器式继电器使用。

中间继电器的工作原理：当线圈外加额定控制电压$[(85\% \sim 110\%)\,U_\mathrm{N}$，$U_\mathrm{N}$为额定电压$]$时，电磁机构衔铁吸合，带动触头动作；线圈电压为$(20\% \sim 75\%)\,U_\mathrm{N}$时衔铁释放，触头复位。

新型中间继电器触头闭合过程中动、静触头间有一段滑擦、滚压过程，可以有效地清除触头表面的各种生成膜及尘埃，减小了接触电阻，提高了接触可靠性，有的还装了防尘罩或采用密封结构，也是提高可靠性的措施。有些中间继电器安装在插座上，插座有多种形式可供选择；有些中间继电器可直接安装在导轨上，安装和拆卸均很方便。

常用的中间继电器为 JZ7、JZ15、JZ17 等系列。型号说明举例：JZ7 - 62，JZ 为交流中间继电器的代号，7 为设计序号，有 6 对常开触头，2 对常闭触头。

常用的还有 JZC 系列交流控制接触器式继电器（约定发热电流 10A）；DZ 系列电力保护继电器；直流控制电压驱动的 JZC - 32F、JZC - 33F 型超小型中功率继电器，JQC 系列超小型大功率继电器，JQX 系列小型大功率继电器。继电器直流控制线圈额定电压等级为：DC 5、6、9、12、18、24、36、48、60、110V。触头分为动合和动断（常开/常闭）两大类，中间继电器线圈和触头的电气图形符号及文字符号如图 4-7 所示。

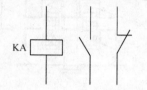

图 4-7　中间继电器电气图形及文字符号

选择中间继电器主要考虑触头的类型和个数、线圈的额定控制电压的种类和数值。

2. 时间继电器

时间继电器是一种按照时间原则工作的继电器，按照预定时间接通或分断电路。时间继电器的延时类型有通电延时型和断电延时型两种形式；结构分为空气式、电子式（晶体管、数字式）等类型。

1）空气式时间继电器

空气式时间继电器由电磁机构、输出触头及气室等 3 部分组成，靠空气的阻尼作用来实现延时。常用空气式时间继电器 JS7 - A 系列有通电延时和断电延时两种类型。图 4-8 所示为 JS7 - A 型空气阻尼式时间继电器的工作原理图。

通电延时型时间继电器电磁铁线圈 1 通电后，将衔铁吸下，于是顶杆 6 与衔铁间出现一个空隙，当与顶杆相连的活塞在弹簧 7 作用下，由上向下移动时，在橡皮膜上面形成空气稀薄的空间（气室），空气由进气孔逐渐进入气室，活塞因受到空气的阻力，不能迅速下降，而是缓慢下降，经过一定时间，活塞杆下降到一定位置时，杠杆 15 使延时触头 14 动作（常开触头闭合，常闭触头断开），从线圈通电到延时触头动作经过的时间为延时时间。线圈断电时，弹簧使衔铁和活塞等复位，空气经橡皮膜与顶杆 6 之间推开的气隙迅速排出，触头瞬时复位。

空气式断电延时型时间继电器与空气式通电延时型时间继电器的原理与结构均相同，只是将其电磁机构翻转 180°安装，即为断电延时型。

空气阻尼式时间继电器延时时间有 0.4 ~ 180s 和 0.4 ~ 60s 两种规格，具有延时范围较宽、结构简单、工作可靠、价格低廉、寿命长等优点，是

机床控制电路中常用的时间继电器。但延时调节不准确、定时精度差。时间继电器的电气图形及文字符号如图4-9所示。

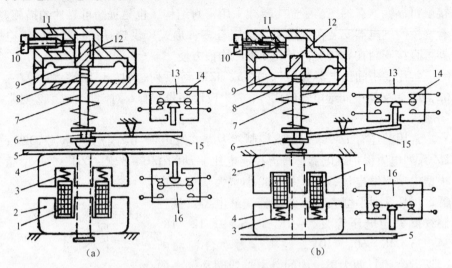

图4-8　JS7-A型空气阻尼式时间继电器的工作原理图

1—线圈；2—静铁心；3、7—弹簧；4—衔铁；5—推板；6—顶杆；8—弹簧；9—橡皮膜；
10—螺钉；11—进气孔；12—活塞；13、16—微动开关；14—延时触头；15—杠杆

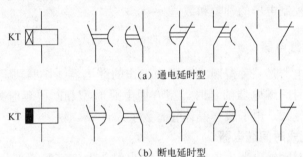

（a）通电延时型

（b）断电延时型

图4-9　时间继电器的电气图形及文字符号

2）电子式时间继电器

电子式时间继电器有晶体管式（阻容式）和数字式（又称计数式）两种不同的类型。晶体管式时间继电器是基于电容充、放电工作原理延时工作的。数字式时间继电器由脉冲发生器、计数器、数字显示器、放大器及操作机构组成，具有定时精度高、延时时间长、调节方便等优点，通常还带有数码输入、数字显示等功能，应用范围广，可取代阻容式、空气式、电动式等时间继电器。常用的晶体管式时间继电器有JSJ、JS14、JS20、JSF、JSCF、JSMJ、JJSB、ST3P等系列，常用的数字式时间继电器有JSS14、JSS20、JSS26、JSS48、JS11S、JS14S等系列。

3. 热继电器

热继电器是用来对连续运行的电动机进行过载保护的保护电器，以防止电动机过热而烧毁。大部分热继电器除了具有过载保护功能外，还具有断相保护、温度补偿、自动与手动复位等功能。从结构原理上看，热继电

器有双金属片式和电子式两类。

1）热继电器的结构及工作原理

双金属片式热继电器的结构原理如图 4-10 所示，热继电器主要由双金属片、加热元件、动作机构、触头系统、整定装置及手动复位装置等组成。

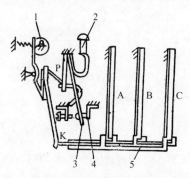

图 4-10　双金属片式热继电器结构原理

1—凸轮；2—复位按钮；3—动触头；4—常闭静触头；5—外导板

热继电器的热元件具有和电流线圈相类似的性质，接在电动机的主回路，触头用于控制电路。双金属片作为温度检测元件，由两种膨胀系数不同的金属片压焊而成，由加热元件 A、B、C 加热后，两层金属片因伸长率（膨胀系数）不同而弯曲。加热元件串接在电动机定子绕组中，在电动机正常运行时，热元件产生的热量不会使触头系统动作；当电动机过载时，流过热元件的电流加大，经过一定的时间，热元件产生的热量使双金属片的弯曲程度超过一定值，通过导板推动热继电器的触头动作（常开触头闭合、常闭触头断开）。通常用其串接在接触器线圈电路的常闭触头来切断接触器线圈电流，使电动机主电路失电。故障排除后，按动手动复位按钮，热继电器触头复位，电路可以重新接通工作。

2）热继电器主要技术参数及常用型号

热继电器主要技术参数包括热继电器额定电流、相数、热元件额定电流、整定电流及调节范围等。热元件额定电流是指热元件的最大整定电流值，热继电器额定电流是指热继电器可以安装热元件的最大额定电流值。

热继电器（热元件）的整定电流是指热元件能够长期通过而不致引起热继电器动作的最大电流值。通常热继电器的整定电流是按电动机的额定电流整定的。对于某一热元件的热继电器，可以手动调节整定电流旋钮，带动偏心轮机构，调整双金属片与导板的距离，能在一定范围内调节其电流的整定值，起到可靠保护电动机的作用。热继电器电气图形符号分为热元件和触头两部分，触头有动合（常开）和动断（常闭）两类，其电气图形及文字符号如图 4-11 所示。

常用的有 JR16、JR20、JR28、JR36

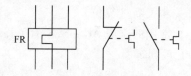

图 4-11　热继电器的电气图形及文字符号

系列热继电器，NRE6、NRE8 系列电子式过载继电器；引进生产的有法国 TE 公司的 LR－D 系列、德国西门子公司的 3UA 系列、德国 ABB 公司的 T 系列等系列热继电器。

热继电器型号意义：

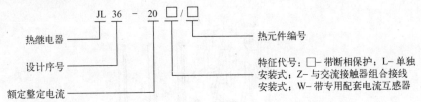

4. 固态继电器

固态继电器（Solid State Relay，SSR）是 20 世纪 70 年代后期发展起来的一种新型无触头继电器，可以取代传统的继电器和小容量接触器。固态继电器以电力电子开关器件为输出开关，接通和断开负载时，不产生火花，具有对外部设备的干扰小、工作速度快、体积小、质量轻、工作可靠等优点。与 TTL 和 CMOS 集成电路有着良好的兼容性，广泛应用在数字电路和计算机的终端设备及可编程控制器的输出模块等领域。

根据输出电流类型的不同，固态继电器分为交流和直流两种类型。交流固态继电器（AC－SSR）以双向晶闸管为输出开关器件，用于通、断交流负载；直流固态继电器（DC－SSR）以功率晶体管为开关器件，用于通、断直流负载。

AC－SSR 典型应用电路如图 4-12 所示。图中 Z_L 为负载，AC 为交流电源，U_s 为控制信号电压。从外部接线来看，固态继电器是一个双端口网络器件，输入端口有两个输入端，输出端口有两个输出端（AC－SSR 对应为双向晶闸管的阴阳两极，DC－SSR 对应为晶体管的集电极和发射极）。当输入端口给定一个控制信号 U_s 时，输出端口的两端导通；输入端口无控制信号时，输出端口两端关断截止。

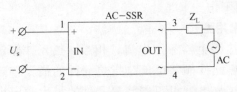

图 4-12　AC－SSR 典型应用电路

交流固态继电器根据触发方式的不同分为随机导通型和过零触发型两种。输入端施加信号电压时，随机导通型输出端开关立即导通，过零触发型要等到交流负载电源（AC）过零时输出开关才导通。随机导通型在输入端控制信号撤销时输出开关立即截止，过零触发型要等到 AC 过零时，输出开关才关断（复位）。

常用的交流 AC－SSR 有 GTJ6 系列、JGC－F 系列、JGX－F 和 JGX－3/F 系列等。

固态继电器输入电路采用光耦隔离器件，抗干扰能力强。输入信号电压在 3V 以上，电流在 100mA 以下，输出点的工作电流达到 10A，故控制能力强。当输出负载容量很大时，可用固态继电器驱动功率管，再去驱动负载。使用时还应注意固态继电器的负载能力随温度的升高而降低。其他使用注意事项请参阅固态继电器的产品使用说明。

4.1.5　熔断器

熔断器是一种结构简单、价格低廉、使用方便、应用普遍的保护电器，在低压配电电路中主要起短路保护作用。

1. 熔断器的保护特性

熔断器由熔体和安装熔体的外壳（或称绝缘底座）两部分组成，熔体是熔断器的核心，通常用低熔点的铅锡合金、锌、铜、银的丝状或片状材料制成，新型的熔体通常设计成灭弧栅状且具有变截面片状结构。当通过熔断器的电流超过一定数值并经过一定的时间后，电流在熔体上产生的热量使熔体某处熔化而分断电路，从而保护了电路和设备。

熔断器熔体电流与熔断时间的关系称为熔断器的保护特性曲线，也称为熔断器的安秒特性，保护特性如图 4-13 所示。由特性曲线可以看出，流过熔体的电流越大，熔断所需的时间就越短。熔体的额定电流 I_{IN} 是指熔体长期工作而不致熔断的电流。

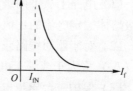

图 4-13　熔断器的保护特性

2. 常用熔断器的类型及参数

熔断器常见的类型有插入式、螺旋式、卡装式、有填料封闭管式、无填料封闭管式等。在机床电器控制系统中经常选用螺旋式熔断器，它有明显的分断指示和不用任何工具就可取下或更换熔体等优点。有填料封闭管式最广泛使用的填料（灭弧介质）是石英砂填料。

熔断器常用的规格型号有 RC1 系列（插入式）、RL1 系列（螺旋式）、RM10 系列（无填料封闭管式），最近推出的新产品有 RL6、RL7 系列，可以取代老产品 RL1、RL2 系列。常用的填料封闭管式熔断器有螺栓连接的 RT12、RT15、GNT 等系列管式熔断器，瓷管两端铜帽上焊有连接板，可直接安装在母线排上，并带有熔断指示器，熔断时红色指示器弹出。圆筒形帽熔断器有 RT14、RT19 系列，熔断器带有撞击器，熔断时撞击器弹出，既可作为熔断信号指示，也可触动微动开关以切断接触器线圈电路，使接触器断电，实现三相电动机的断相保护。标准导轨安装的 RT18（又称 HG30）、RT28 系列熔断隔离器，由于安装使用方便，其应用正在不断增加。快速熔断器的产品有 RLS2 系列，用以保护半导体硅整流器件及晶闸管，可取代老产品 RLS1 系列。

熔断器的主要技术参数有电压、电流和极限分断能力，RT18 系列熔断器的主要技术参数见表 4-1。

表 4-1　RT18 系列熔断器的主要技术参数

型　　号	额 定 电 压	额定电流/A	熔体额定电流/A
RT18-32	AC 380/500V	32	2、4、6、10、16、20、25、32
RT18-63	AC 380/500V	63	25、32、40、50、63

3. 熔断器的选择

熔断器的选择主要是选择熔断器的类型、额定电压、额定电流和熔体额定电流等。

熔断器的类型主要由电气控制系统整体设计时确定，熔断器的额定电压应大于或等于实际电路的工作电压，因此确定熔体的额定电流和熔断器额定电流是选择熔断器的主要任务。熔断器的选择工作包括，首先根据保护电流计算熔体的额定电流，然后参考手册选择一个标称系列熔体的额定电流值，最后选配熔断器外壳的额定参数，也就是熔断器额定电流。熔体额定电流的计算有下列 4 条原则。

（1）电路上、下两级都装设熔断器时，为使两级保护相互配合良好，两级熔体额定电流的比值不小于 1.6∶1。

（2）对于照明线路或电阻炉等没有冲击性电流的负载，熔体的额定电流（I_{fN}）应大于或等于电路的工作电流（I），即 $I_{fN} \geq I$。

（3）保护一台异步电动机时，考虑电动机起动冲击电流的影响，熔体额定电流的计算如下：

$$I_{fN} \geq (1.5 \sim 2.5)I_N$$

式中，I_N 为电动机额定电流。

图 4-14　熔断器的图形及文字符号

（4）多台异步电动机用一个熔断器保护时，若每台电动机不同时起动，考虑电动机起动冲击电流的影响，则应按下式计算：

$$I_{fN} \geq (1.5 \sim 2.5)I_{Nmax} + \sum I_N$$

式中，I_{Nmax} 为一台容量最大电动机的额定电流，$\sum I_N$ 为其余电动机额定电流的总和。

熔断器的图形及文字符号如图 4-14 所示。

4.1.6　主令电器

主令电器是自动控制系统中发出控制指令或信号的电器。常用的主令电器有控制按钮、行程开关、万能转换开关、主令控制器、脚踏开关等。

1. 控制按钮和指示灯

控制按钮（简称按钮）是一种结构简单、应用广泛的主令电器，在控制电路中用做短时间接通和断开小电流控制电路。按钮由静触头、动触头、复位弹簧和外壳构成。触头分为动合（常开）触头和动断（常闭）触头两类。典型结构如图 4-15 所示。

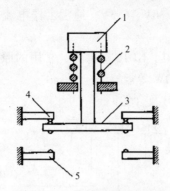

图 4-15　控制按钮的结构图

1—按钮帽；2—复位弹簧；3—动触头；4—常闭静触头；5—常开静触头

按钮的工作原理：按钮被按下时，动触头下移，常闭静触头断开、常开静触头接通；松开按钮，在复位弹簧的作用下，动触头复位，常开静触头断开、动触头经过一定行程（时间）后，常闭静触头闭合复位。

按钮的结构形式和操作方法多种多样，可以满足不同控制系统的要求，适用于不同工作场合。按功能分，有自动复位和带锁定功能两种形式；按结构分，有单个按钮和双钮、三钮式；按操作方式分，有一般式、蘑菇头急停式、旋转式、钥匙式等；按钮有红、绿、黑、黄、蓝、白、灰等颜色，通常以红色表示停止，绿色表示起动，黑色表示点动；指示灯式按钮内可以装入指示灯显示电路工作状态。

按钮型号及含义：

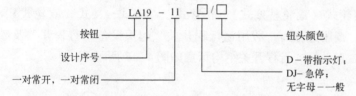

我国自行设计的常用按钮有 LA2、LA4、LA10、LA18、LA19、LA20、LA25 等系列。引进国外技术生产的有 LAY3、LAY5、LAY8、LAY9 系列和 NP2、3、4、5、6 等系列。其中 LA2 系列按钮有一对常开触头和一对常闭触头，具有结构简单、动作可靠、坚固耐用的优点。LA18 系列按钮采用积木式结构，触头数量可按需要进行拼装。LA19 系列为按钮开关与信号灯的组合，按钮兼作信号灯灯罩，用透明塑料制成。

按钮的主要参数有额定电压（380V AC/220V DC）、额定电流（5A）。选择按钮时主要考虑按钮的结构形式、操作方式、触头对数、按钮颜色，以及是否需要指示灯等要求。

指示灯用于电路状态的工作指示，可用于工作状态、预警、故障及其他信号的指示。除了有些按钮可以兼作指示信号外，有各种不同结构形式和颜色的专用指示灯，在电气线路中作为指示用。

指示灯常用的光源有灯泡、氖泡和半导体发光器件，适用的电压等级

有 380V、220V、127V、36V、6.3V。通常工作电流很小（数十毫安），功率可以忽略不计。

常用的指示灯有 ND1、ND16 等系列，常用的照明灯有 24V、36V 等电压等级，功率有 15～100W 等规格。

指示灯式按钮的型号及含义：

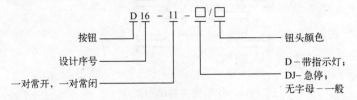

按钮、指示灯、照明灯的图形及文字符号见图 4-16。图中 HL 为指示灯的文字符号，EL 为照明灯的文字符号。

2. 位置开关

用于机械运动部件位置检测的开关主要有行程开关、接近开关和光电开关等器件。在机床电路中应用最普遍的是行程开关。行程开关的作用与按钮相同，但其触头的动作不是用手按动，而是利用机械运动部件的碰撞而动作，用来分断或接通控制电路。主要用于检测运动机械的位置，控制运动部件的运动方向、行程长短及限位保护。

行程开关按外壳防护形式分为开启式、防护式及防尘式；按动作速度分为瞬动和慢动（蠕动）；按复位方式分为自动复位和非自动复位；按接线方式分为螺钉式、焊接式及插入式；按操作头的形式分为直杆式（柱塞式）、直杆滚轮式（滚轮柱塞式）、转臂式、万向式、叉式（双轮式）、铰链杠杆式等；按用途分为一般用途行程开关、起重设备用行程开关及微动开关等多种。直动杆式行程开关结构示意如图 4-17 所示。

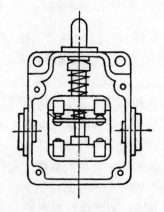

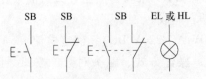

图 4-16　按钮、指示灯、照明灯
的图形及文字符号

图 4-17　直动杆式行程
开关结构示意图

常用的行程开关有 LX2、LX19、LXK1、LXK3 等系列和 LXW5、LXW11 等系列微动行程开关。行程开关型号举例：

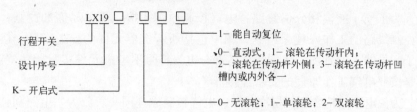

接近开关近年来获得了广泛的应用，它是靠移动物体与接近开关的感应头接近时，使其输出一个电信号，故又称为无触头开关。在继电控制系统中应用时，接近开关输出电路通常驱动一个中间继电器，由其触头对继电电路进行控制。

接近开关分为电容式和电感式两种，电感式的感应头是一个具有铁氧体磁心的电感线圈，故只能检测金属物体的接近。常用的型号有 LJ1、LJ2 等系列。

光电开关利用红外发射和接收的原理检测运动部件的到来，按照发射和接收的原理，光电开关主要分为对射式和反射式两种，生产的公司不同，型号各异。例如，杭州民安的 E3JM、E3JK、E3Z、E3S 型光电开关；上海兰宝 PR18 系列的光电开关。

行程开关的图形及文字符号如图 4-18（a）所示。接近开关图形符号如图 4-18（b）所示。

（a）行程开关　　（b）接近开关

图 4-18　行程开关及接近开关的图形及文字符号

√⁺ 4.2　电气控制线路的绘制及分析

电气控制线路是用导线将电机、电器和仪表等元件按一定控制要求连接而成的。为了表达电气控制线路的结构、原理和设计意图，便于分析电气线路工作原理及安装、调试和使用维护电气设备，必须参照国家标准，采用统一的图形和文字符号及技术规范绘制电气控制系统图。

GB/T 24340—2009《工业机械电气图用图形符号》和 GB/T24341—2009《工业机械电气设备电气图、图解和表的绘制》等标准是国家标准局参照国际电工委员会（IEC）颁布的有关文件，制定的我国电气设备有关国家标准。

在电气控制系统中，用以描述工作原理及安装施工的工艺图纸文件主要包括电气控制原理图、电气安装位置图、电气安装接线图、电气安装互联图等图纸。

1. 电气线路图

表示控制线路连接关系和原理的主要图纸有电气控制原理图和电气安装接线图，由于它们的用途不同，绘制原则也有所区别，这里重点介绍电气控制原理图。

为了便于阅读和分析线路，电气控制原理图按照简单易懂的原则，根据控制线路的工作原理来绘制，图中包括所有电器元件的导电部分、接线端子和导线。原理图中电器元件各部分电气符号不考虑元件实际所在位置，而是按照电气工作原理的要求连接。

为使电路结构合理、层次分明，电气控制原理图一般分为主电路和辅助电路两部分。辅助电路又分为控制电路和照明、指示电路。主电路是指强电流通过的电路部分，主要由电动机及连接器件组成。辅助电路通过的电流很小，控制电路主要由继电器和接触器线圈、主令电器、控制触头及控制变压器等电器元件组成，实现基本逻辑控制；照明及信号指示电路主要用于线路工作状态的指示和工作照明。电气控制原理图的绘制应遵循以下原则。

（1）主电路用粗实线绘制在图面的左侧或上方，辅助电路用细实线绘制在图面的右侧或下方，为了便于计算机图文处理，主电路和控制电路可以分页设置。

（2）电气元件的电气符号按功能布置、按动作顺序排列，布置顺序为从左到右，从上到下。原理图不考虑元件的实际安装位置。

（3）所有电器的动作部分均以自然状态（常态）绘出，所谓常态是指各种电器没有通电和没有外力作用时的工作状态。

（4）同一电器的各部分（如线圈、触头）分散在图中，为了表示是同一器件，要在电器的各部分使用同一符号来标明。同一类器件用文字符号后加注数字编号或下标来区别，如 KA1、KA2 等。

（5）电机和电器要采用国家标准规定的图形和文字符号绘制，电路图和图形符号一般垂直布置，也可以逆时针转动90°水平布置，文字符号通常标注在触头的侧面和线圈的下方，导线的交点处画实心圆点。

（6）为了清楚地在电气原理图中表示器件所在位置，常用坐标图表示法，按照器件电气符号所在位置将电气原理图分成列和行。通常用数字1，2，3…等表示器件符号所在的列数，用字母 A，B，C…表示器件符号所在的行数（通常行数可以省略）。

一般来讲，原理图要求按照结构简单、层次分明、便于分析等规则进行绘制，各电器元件应使用合理、系统动作可靠、节省连接导线，为施工、使用、维护提供方便。

2. 电气控制原理图的阅读和分析方法

分析电气线路工作原理常用的方法有查线读图法和逻辑代数法。

1）查线读图法

查线读图法以分析各个操作元件、控制元件和附加元件的作用、功能为基础，根据生产机械的生产工艺过程，分析被控对象的动作情况和电气线路的控制原理。

（1）了解生产工艺与执行电器的关系。

在分析电气线路前，充分了解机械设备的动作及工艺加工过程，明确各个动作之间的要求，以及机械动作与执行电器间的关系，为分析线路提供线索、奠定基础。

（2）分析主电路。

线路的分析一般从电动机主电路入手，根据主电路控制元件的触头、电阻和其他检测、保护器件，大致判定电动机的控制和保护功能。

（3）控制电路的分析。

根据主电路控制元件主触头和其他电器的文字符号，在控制电路中找出相应控制环节，以及环节间的相互关系。对控制电路由上往下、由左往右阅读，然后，设想按动某操作按钮，查对线路，观察哪些元件受控动作，并逐一查看动作元件的触头又如何控制其他元件动作，进而驱动被控对象如何动作。跟踪机械动作，当信号检测元件状态变化时，再查对线路，观察操作元件的动作变化。读图过程中要注意器件间相互联系和制约的关系，直至将线路看懂为止。

电气控制线路都是由一些基本控制环节组成的，对于较复杂的电路，通常根据控制功能，将控制电路分解成与主电路对应的几个基本环节，逐个环节地去分析，然后把各个环节串起来，采用这种化整为零的分析方法，就不难看懂较复杂电路的全图了。

查线读图法具有直观性强、容易掌握等优点，因而得到广泛的应用，但在分析复杂线路原理时叙述较冗长，容易出错，具体分析方法参见后面章节。

2）逻辑代数法

逻辑代数法是通过电路逻辑表达式的运算分析控制电路的工作原理，任何一条电气控制线路的支路都可以用逻辑表达式来描述。逻辑代数法的优点是逻辑关系简洁明了，有助于计算机辅助分析；其主要缺点是复杂电路的逻辑关系表达式很烦琐，并且电路分析不如查线读图法直观。

4.3　三相异步电动机继电控制的基本电路

常用的电气控制方式主要是指继电控制方式，电气控制线路是由各种接触器、继电器、按钮、行程开关等电器元件组成的控制电路，复杂的电气控制线路由基本控制电路（环节）组合而成。电动机常用的控制电路有起－停控制、正/反转控制、降压起动控制、调速控制和制动控制等基本控制环节。本节主要学习和掌握电动机的基本控制电路和电气原理图的绘制方法。

4.3.1　三相交流异步电动机全压起动

因受交流异步电动机起动电流的影响，笼型感应电动机有全压直接起动和降压起动两种不同的起动方法。通常功率小于 10kW 或经过起动校验，起动电流对电网的冲击在允许范围内的交流异步电动机采用全压直接起动。

1. 自动起－停控制电路

自动起－停控制电路是一种用按钮进行起动和停止操作、可以连续运行的控制电路。起－停控制电路又称长动电路。自动起－停控制电路如图4-19所示。

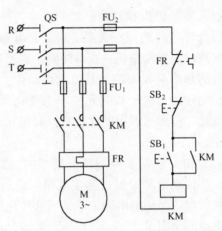

图4-19　自动起－停控制电路

自动起－停控制电路分为主电路和控制电路两部分，主电路的电源引入采用了隔离开关 QS，电动机定子电流由接触器 KM 主触头的通、断来控制。控制电路的工作原理是，用起动和停止按钮分别控制交流接触器线圈电流的通、断，通过电磁机构，带动触头的通、断，达到控制电动机起动、停止的目的。

【电路控制分析】按动起动按钮 SB$_1$，接触器 KM 线圈得电自锁（辅助常开触头闭合），主触头闭合，接通电动机电源电路，电动机 M 起动、连续运行。按动停止按钮 SB$_2$，接触器 KM 线圈断电，打开自锁回路，电动机停止（按钮的"按动"操作应理解为"按钮按下后，紧接着松开"）。

与起动按钮 SB$_1$ 常开触头并联的接触器 KM 辅助常开触头称为自锁触头，KM 线圈得电后，KM 辅助常开触头闭合，将起动按钮 SB$_1$ 的常开触头旁路，松开可自动复位按钮 SB$_1$ 时，电流经 KM 自锁触头流通，该触头的闭合能在按钮 SB$_1$ 复位时，保持 KM 线圈不失电，在电路中实现自锁作用。

自动启－停控制电路的主要保护功能有短路保护（FU）、过载保护（FR）和零压、欠电压保护。过载保护是当电动机负载超过额定值，长期运行时，热继电器 FR 的热元件驱动其常闭触头断开，使交流接触器 KM 线圈断电，主触头打开，将电动机 M 从电源上切除，保证电动机不致因过热而烧毁。热继电器过载保护动作后需手动复位，使 FR 常闭触头复位闭合后，重新操作起动按钮 SB$_1$ 才可以使控制电路再次工作。零压保护的作用体现在当电源失电复上电后，由于 KM 线圈断电，自锁电路打开，电动机不能自行起动工作，保证了设备运行的安全性。欠电压保护用于电源电压过低时，接触器 KM 衔铁释放、自锁触头断开、线圈断电，将电动机从电网上切除。

2. 三相交流异步电动机正、反转控制电路

在生产设备中，很多运动部件需要两个相反的运动方向，这就要求电动机能实现正、反两个方向转动。由三相交流电动机工作原理可知，实现电动机反转的方法是将任意两根电源线对调。电动机主电路需要用两个交流接触器分别提供正转和反转两个不同相序的电源。

图 4-20 所示为正、反转控制电路，电路分为主电路和控制电路两部分。主电路中的两个交流接触器 KM_1 和 KM_2 分别构成正、反两个相序的电源接线。

【控制原理分析】按动正转起动按钮 SB_1，接触器 KM_1 线圈通电自锁，KM_1 主触头闭合，电动机正向转动；电动机正转过程中，按动停车按钮 SB_3，KM_1 线圈断电，自锁回路打开，主触头打开，电动机停转。按动反转按钮 SB_2，交流接触器 KM_2 线圈通电自锁，KM_2 主触头闭合，电动机反向转动。

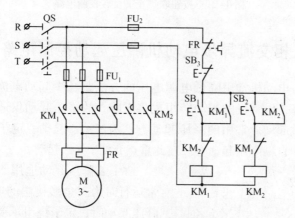

图 4-20 正、反转控制电路

若主电路中 KM_1 和 KM_2 的主触头同时闭合，将会造成主电路电源短路，因此本电路任何时刻只允许有一个接触器的触头闭合。实现这一控制要求的方法是分别将 KM_1、KM_2 常闭触头串接在对方线圈电路中，形成相互制约的关系，简称为互锁控制。

该电路欲使电动机经由正转进入反转，或者由反转进入正转时，必须先按下停车按钮，然后再进行相反操作，这给设备操作带来一些不便。为了方便操作，提高生产效率，在图 4-21 的基础上增加了按钮联锁功能，如图 4-21 所示，方法是将正、反转按钮的常闭触头串到对方电路中，利用按钮常开、常闭触头的机械连接，在电路中起相互制约的联锁作用。如正转过程中，按动反转按钮 SB_2，SB_2 的常闭触头使 KM_1 线圈断电（自锁打开），电动机正转停止，KM_1 常闭触头复位，SB_2 的常开触头闭合，使 KM_2 线圈通电自锁，电动机实现反转。同理，在反转过程中，按动正转按钮

SB$_1$ 可以使 KM$_2$ 线圈断电，KM$_1$ 线圈通电，电动机进入正转。采用了按钮联锁，在电动机转动状态下，直接按动反向按钮，就可以进入相反方向的转动状态，不必操作停止按钮，简化了电路操作。双重互锁使电路更具有实用性。

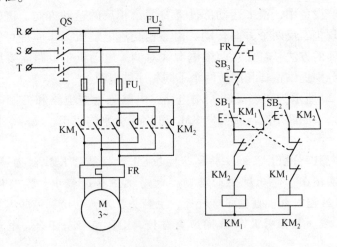

图 4-21　按钮联锁正、反转控制电路

4.3.2　三相交流异步电动机降压起动控制电路

　　笼型感应电动机常用降低电源电压的方法是减少起动电流，但随着电源电压的下降，电动机的起动转矩也将下降，故降压起动仅适用于电动机的空载或轻载起动。常用的降压起动方法有丫－△起动、定子串电阻或电抗降压起动、自耦降压起动等。在此重点介绍丫－△起动。

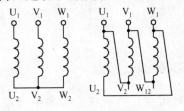

图 4-22　定子绕组丫形和△形接线图

　　丫－△降压起动适用于定子绕组正常运行时为三角形接法的电动机。丫接降压起动时，定子绕组承受相电压，起动电流降低为三角形起动电流的 1/3，起动转矩降低为三角形起动转矩的 1/3。图 4-22 所示为电动机定子绕组丫形和△形接线图。电动机起动时，定子绕组接成星形，起动完毕运行时接为三角形。

　　图 4-23 所示为常用的丫－△转换起动控制电路，电路分为主电路和控制电路两部分。主电路中接触器 KM$_1$、KM$_3$ 的主触头闭合，定子绕组丫形联结（起动）；KM$_1$、KM$_2$ 主触头闭合，定子绕组△形联结（运行）。控制电路按照时间控制原则实现自动切换。工作过程如下所述。

　　按动起动按钮 SB$_2$，接触器 KM$_1$ 线圈通电自锁，接触器 KM$_3$ 线圈通电，主电路电动机 M 作丫形间接起动，同时时间继电器 KT 线圈通电延时，延时时间到，接触器 KM$_3$ 线圈断电，接触器 KM$_2$ 线圈通电自锁，主电路电动机 M 作△形联结全压运行，同时时间继电器 KT 线圈断电复位。

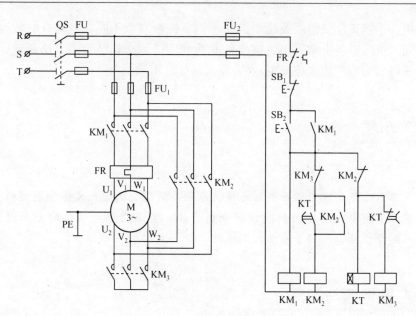

图 4-23　丫 - △转换起动控制电路

控制回路中 KM_2、KM_3 常闭触头的另一个重要作用是实现互锁，以防止 KM_2、KM_3 主触头同时闭合造成电动机主电路短路，保证电路的可靠工作。电路还具有短路、过载和零压、欠电压等保护功能。

4.3.3　电动机的制动与调速

1. 电动机的制动

由于机械惯性的影响，高速运转的电动机从切断电源到停止转动要经过一定的时间，这样往往满足不了某些生产工艺"快速、准确"停车的控制要求。所以工程上常常采用一些使电动机迅速、准确停车的措施，称为制动。电动机常用的制动方法有机械制动和电气制动两大类。

利用机械装置使电动机断开电源后迅速停转的方法称为机械制动。机械制动常用的方法有电磁抱闸制动和电磁离合器制动。

电气制动是在电动机上产生一个与原转动方向相反的电磁制动转矩，迫使电动机迅速停转。用于快速停车的电气制动方法有能耗制动和反接制动。

2. 电动机的调速控制

因为三相异步电动机的转速与频率成正比、与磁极对数成反比，笼型感应电动机常用的调速方法有变极调速、变频调速、电磁滑差调速等。

常见的交流变极调速电动机（笼型感应电动机）有双速电动机和多速电动机等，双速电动机是靠改变定子绕组的联结，形成两种不同的磁极对数，获得两种不同的转速；多速电动机（双速以上）是在定子上设置多套

绕组，不同工作绕组以及绕组接法不同，磁极对数不同，电动机的转速也不同。机床设备上常采用机械齿轮变速和变极调速相结合的方法调速，可以获得较为宽广的调速范围。

✓ 小结

本章介绍了常用低压电器元件的原理、用途、选用及文字和图形符号，研究了常用电气原理图的阅读和分析方法，重点讲解电动机的全压起动，降压起动，正、反转等基本控制电路。

✓ 思考题与习题

4-1 低压电器常用的灭弧方法有哪些？

4-2 选择接触器时，主要考虑交流接触器的哪些额定参数？

4-3 中间继电器与交流接触器有什么差异？在什么条件下中间继电器也可以用来起动电动机？

4-4 画出断电延时时间继电器电磁线圈和各种延时触头的图形和文字符号。

4-5 说明熔断器和热继电器保护功能的不同之处。

4-6 两台电动机不同时起动，一台电动机额定电流为 14.8A，另一台电动机额定电流为 6.47A，试选择同时对两台交流电动机进行短路保护的熔断器额定电流及熔体的额定电流？

4-7 叙述"自锁"、"互锁"电路的定义。

4-8 在接触器正、反转控制电路中，若正、反向控制的接触器同时通电，会发生什么现象？

第5章 可编程控制器及其应用

可编程控制器（PLC）是在继电器控制和计算机技术的基础上，逐渐发展成以微处理器为核心，集微电子技术、自动化技术、计算机技术、通信技术为一体，以工业自动化控制为目标的新型控制装置。目前已在工业、交通运输、农业、商业等领域得到广泛应用，成为各行业的通用控制核心产品。

5.1 PLC 概述

1969 年，美国数字设备公司（DEC）首先研制出第一台可编程逻辑控制器，并在美国 GE 公司的汽车自动装配线上试用获得成功。此后，这项技术迅速发展，从美国、日本、欧洲普及到全世界。我国从 1974 年开始研制 PLC，1977 年应用于工业。目前世界上已有数百家厂商生产 PLC，型号多达数百种。

早期的 PLC 是为了取代继电器控制线路，采用存储器程序指令完成顺序控制而设计的。它仅有逻辑运算、定时、计数等功能，用于开关量控制，实际只能进行逻辑运算，所以称为可编程逻辑控制器，简称 PLC（Programmable Logic Controller）。进入 20 世纪 80 年代后，以 16 位和少数 32 位微处理器构成的微机取得了飞速进展，使得可编程逻辑控制器在概念、设计、性能上都有了新的突破。采用微处理器后，这种控制器的功能不再局限于当初的逻辑运算，增加了数值运算、模拟量的处理、通信等功能，成为真正意义上的可编程序控制器（Programmable Controller），简称为 PC。但为了与个人计算机 PC（Personal Computer）相区别，常将可编程控制器仍简称为 PLC。

随着 PLC 的不断发展，其定义也在不断变化。国际电工委员会（IEC）曾于 1982 年 11 月颁布了 PLC 标准草案第 1 稿，1985 年 1 月发表了第 2 稿，1987 年 2 月又颁布了第 3 稿。1987 年颁布的 PLC 定义如下：

"可编程控制器是专为在工业环境下应用而设计的一种数字运算操作的电子装置，是带有存储器、可以编制程序的控制器。它能够存储和执行命令，进行逻辑运算、顺序控制、定时、计数和算术运算等操作，并通过数字式和模拟式的输入/输出，控制各种类型的机械或生产过程。可编程控制器及其有关的外围设备，都应按照易于工业控制系统形成一个整体、易于扩展其功能的原则设计。"

5.1.1 PLC 的主要特点

1. 可靠性高

可靠性指的是 PLC 平均无故障工作时间。可靠性既反映了用户的要求，又是 PLC 生产厂家着力追求的技术指标。目前各生产厂家的 PLC 平均无故障安全运行时间都远大于国际电工委员会（IEC）规定的 10^5h 的标准。

PLC 在设计、制作及元器件的选取上，采用了精选，高度集成化和冗余量大等一系列措施，延长了元器件使用寿命，提高了系统的可靠性。在抗干扰性上，采取了软、硬件多重抗干扰措施，使其能安全、可靠地工作。国际大公司制造工艺的先进性，也进一步提高了 PLC 的可靠性。

2. 控制功能强

PLC 不仅具有对开关量和模拟量的控制能力，还具有数值运算、PID 调节、数据通信、中断处理的功能。PLC 具有扩展灵活的特点，还具有功能的可组合性，如运动控制模块可以对伺服电动机和步进电动机速度与位置进行控制，实现对数控机床和工业机器人的控制。

3. 组成灵活

PLC 品种很多。小型 PLC 为整体结构，并可外接 I/O 扩展机箱构成 PLC 控制系统。中大型 PLC 采用分体模块式结构，设有各种专用功能模块（开关量、模拟量 I/O 模块，位控模块，伺服、步进驱动模块等）供选用和组合，由各种模块组成大小和要求不同的控制系统。PLC 外部控制电路虽然仍为硬接线系统，但当受控对象的控制要求改变时，可以在线使用编程器修改用户程序来满足新的控制要求，最大限度地缩短了工艺更新所需要的时间。

4. 操作方便

PLC 提供了多种面向用户的语言，如常用的梯形图 LAD（Ladder Diagram）、指令语句表 STL（Statement List）、控制系统流程图 CSF（Control System Flowchart）等。PLC 的最大优点之一就是采用易学易懂的梯形图语言，它是以计算机软件技术构成人们惯用的继电器模型，直观易懂，极易被现场电气工程技术人员掌握，为 PLC 的推广应用创造了有利条件。

现在的 PLC 编程器大都采用个人计算机或手持式编程器两种形式。手持式编程器有键盘、显示功能，通过电缆线与 PLC 相连，具有体积小、质量轻、便于携带、易于现场调试等优点。用户也可以用个人计算机对 PLC 编程，进行系统仿真调试，监控运行。目前在国内，各厂家都推出了适用于个人计算机使用的编程软件，编程软件的汉化界面，非常有利于 PLC 的学习和推广应用。同时，CRT 的梯形图显示，使程序输入及运行的动态监视更方便、直观。PC 程序的键盘输入和打印、存储设备，更是极大地丰富了 PLC 编程器的硬件资源。

5.1.2 PLC 的分类方法

PLC 发展很快，全世界有数百家工厂正在生产数千种不同型号的 PLC。为了便于在工业现场安装，便于扩展，方便接线，其结构与普通计算机有很大区别，通常从结构形式上将这些 PLC 分为两类，即一体化整体式 PLC 和模块式结构化的 PLC。

1. 整体式结构

从结构上看，早期的 PLC 是把 CPU、RAM、ROM、I/O 接口及与编程器或 EPROM 写入器相连的接口、I/O 端子、电源、指示灯等都装配在一起的整体装置。它的特点是结构紧凑、体积小、成本低、安装方便。缺点是 I/O 点数是固定的，不一定能适合具体的控制现场的需要。这类产品有 OMRON 公司的 C20P、C40P、C60P；三菱公司的 Fl 系列；东芝公司的 EX20/40 系列等。

2. 模块式结构

模块式结构又称积木式。这种结构形式的特点是把 PLC 的每个工作单元都制成独立的模块，如 CPU 模块、输入模块、输出模块、电源模块、通信模块等。另外，机器有一块带有插槽的母板，实质上就是计算机总线。把这些模块按控制系统需要选取后，都插到母板上，就构成了一个完整的 PLC。这种结构的 PLC 的特点是系统构成非常灵活，安装、扩展、维修都很方便；缺点是体积比较大。常见产品有 OMRON 公司的 C200H、C1000H、C2000H；西门子公司的 S5-115U、S7-300、S7-400 系列等。

另外，为了适应不同工业生产过程的应用要求，也可以按照应用规模及功能对 PLC 进行分类，根据 I/O 点数的多少，可将 PLC 分为超小（微）、小、中、大、超大等 5 种类型。

5.1.3 PLC 应用与发展

自从 PLC 在汽车装配生产线的首次成功应用以来，PLC 在多品种、小批量、高质量的生产设备中得到了广泛应用。PLC 控制已成为工业控制的重要手段之一，与 CAD/CAM、机器人技术一起成为实现现代自动化生产的三大支柱。

我国使用较多的 PLC 产品有德国西门子的 S7 系列、日本立石公司（OMRON）的 C 系列、三菱公司的 FX 系列、美国 GE 公司的 GE 系列等。各大公司生产的 PLC 都已形成由小型到大型的系列产品，而且随着技术不断进步，产品更新换代很快，周期一般不到 5 年。

从 PLC 的发展来看，有小型化和大型化两个趋势。

小型 PLC 有两个发展方向，即小（微）型化和专业化。随着数字电路集成度的提高，元器件体积减小、质量提高，PLC 结构更加紧凑，设计制造水平在不断进步。微型化的 PLC 不仅体积小，功能也大有提高。过去一些大中型 PLC 才有的功能，如模拟量的处理、通信、PID 调节运算等，均可以被移植到小型 PLC 上。同时 PLC 的价格不断下降，将真正成为继电器控制系统的替代产品。

大型化指的是大中型 PLC 向着大容量、智能化和网络化发展，使之能与计算机组成集成控制系统，对大规模、复杂系统进行综合性的自动控制。

5.2　PLC 的结构和工作原理

PLC 是建立在计算机基础上的工业控制装置，它的构成及原理与计算机系统基本相同，但其接口电路及编程语言更适用于工业控制的要求。

5.2.1　PLC 的基本组成

PLC 系统由输入部分、运算控制部分和输出部分组成。

【输入部分】　将被控对象各种开关信息和操作台上的操作命令转换成 PLC 的标准输入信号，然后送到 PLC 的输入端点。

【运算控制部分】　由 PLC 内部 CPU 按照用户程序的设定，完成对输入信息的处理，并可以实现算术、逻辑运算等操作功能。

【输出部分】　由 PLC 输出接口及外围现场设备构成。CPU 的运算结果通过 PLC 的输出电路，提供给被控制装置。

PLC 系统的核心是 CPU 部分，系统对输入信号进行采集，并对控制对象实施控制。其控制逻辑由 PLC 用户程序软件设置，通过修改用户程序，可以改变控制逻辑关系。

PLC 主机的硬件电路由 CPU、存储器、基本 I/O 接口电路、外设接口、电源等 5 大部分组成，PLC 典型硬件系统如图 5-1 所示。

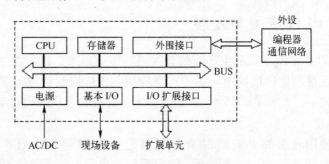

图 5-1　PLC 典型硬件系统

1）中央处理器（CPU）

CPU 是 PLC 的控制中枢，在系统监控程序的控制下工作，承担着将外部输入信号的状态写入输入映像寄存器区域，然后将结果送到输出映像寄存器区域。CPU 常用的微处理器有通用型微处理器、单片机和位片式计算机等。小型 PLC 的 CPU 多采用单片机或专用 CPU。大型 PLC 的 CPU 多用位片式结构，具有高速数据处理能力。

2）存储器（Memory）

PLC 的存储器由只读存储器 ROM 和随机存储器 RAM 两大部分构成，只读存储器 ROM 用以存放系统程序，中间运算数据存放在随机存储器 RAM 中；用户程序也放在 RAM 中，掉电时，保存在只读存储器 E^2PROM 或由高能电池支持的 RAM 中。

3）基本 I/O 接口电路

PLC 内部输入电路的作用是将 PLC 外部电路（如行程开关、按钮、传感器等）提供的、符合 PLC 输入电路要求的电压信号，通过光耦电路送至 PLC 内部电路。输入电路通常以光隔离和阻容滤波的方式提高抗干扰能力，输入响应时间一般约为 0.1~15ms。根据常用输入电路电压类型及电路形式的不同，输入接点分为干接点式、直流输入式和交流输入式 3 类。其电路原理图如图 5-2 所示。

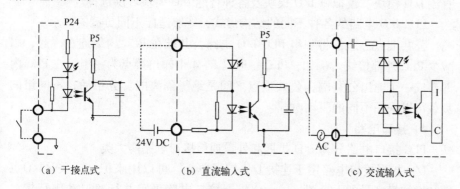

（a）干接点式　　　（b）直流输入式　　　（c）交流输入式

图 5-2　PLC 输入电路原理图

PLC 输出电路用于将 CPU 运算的结果变换成一定功率形式的输出，驱动被控负载（电磁铁、继电器、接触器线圈等）。PLC 输出电路结构形式分为继电器式、双极型和晶闸管式等 3 种，如图 5-3 所示。

在继电器式的输出形式中，CPU 可以根据程序执行的结果，使 PLC 内设继电器线圈通电，带动触点闭合，通过继电器闭合的触点，由外部电源驱动交、直流负载。优点是过载能力强，交、直流负载皆宜。但存在动作速度较慢、且为有触点系统，使用寿命有限等问题。

双向晶闸管和双极型三极管输出分别具有驱动交、直流负载的能力。晶闸管输出型是 CPU 通过光耦电路的驱动，使双向晶闸管通断，可以驱动交、流负载；晶体管输出型是 CPU 通过光耦电路的驱动，使晶体管通断，驱动直流负载。优点是两者均为无触点开关系统，不存在电弧现象，而且开关速度快，缺点是半导体器件的过载能力差。以上列举了六类输入和输出电路形式，原理图中只画出对应一个节点的电路原理图，各类 PLC 产品的 I/O 电路结构形式均有所不同，但光耦隔离及阻容滤波等抗干扰措施是相似的。

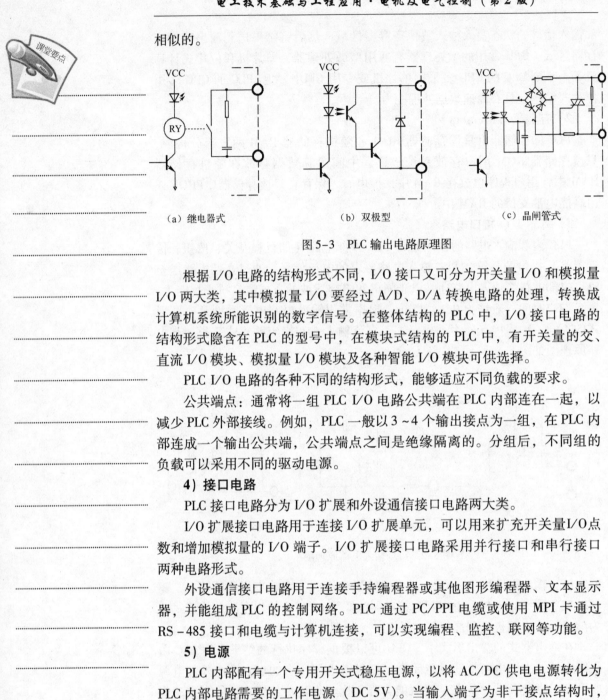

（a）继电器式　　　　　　（b）双极型　　　　　　（c）晶闸管式

图 5-3　PLC 输出电路原理图

根据 I/O 电路的结构形式不同，I/O 接口又可分为开关量 I/O 和模拟量 I/O 两大类，其中模拟量 I/O 要经过 A/D、D/A 转换电路的处理，转换成计算机系统所能识别的数字信号。在整体结构的 PLC 中，I/O 接口电路的结构形式隐含在 PLC 的型号中，在模块式结构的 PLC 中，有开关量的交、直流 I/O 模块、模拟量 I/O 模块及各种智能 I/O 模块可供选择。

PLC I/O 电路的各种不同的结构形式，能够适应不同负载的要求。

公共端点：通常将一组 PLC I/O 电路公共端在 PLC 内部连在一起，以减少 PLC 外部接线。例如，PLC 一般以 3～4 个输出接点为一组，在 PLC 内部连成一个输出公共端，公共端点之间是绝缘隔离的。分组后，不同组的负载可以采用不同的驱动电源。

4）接口电路

PLC 接口电路分为 I/O 扩展和外设通信接口电路两大类。

I/O 扩展接口电路用于连接 I/O 扩展单元，可以用来扩充开关量 I/O 点数和增加模拟量的 I/O 端子。I/O 扩展接口电路采用并行接口和串行接口两种电路形式。

外设通信接口电路用于连接手持编程器或其他图形编程器、文本显示器，并能组成 PLC 的控制网络。PLC 通过 PC/PPI 电缆或使用 MPI 卡通过 RS-485 接口和电缆与计算机连接，可以实现编程、监控、联网等功能。

5）电源

PLC 内部配有一个专用开关式稳压电源，以将 AC/DC 供电电源转化为 PLC 内部电路需要的工作电源（DC 5V）。当输入端子为非干接点结构时，为外部输入元件提供 24V 直流电源（仅供输入端点使用）。

5.2.2　软件系统

PLC 软件系统和硬件电路共同构成 PLC 系统的整体。PLC 软件系统又可分为系统程序和用户程序两大类。系统程序的主要功能是时序管理、存储空间分配、系统自检和用户程序编译等。用户程序是用户根据控制要求，按系统程序允许的编程规则，用厂家提供的编程语言编写的程序。

5.3　PLC 的工作原理

5.3.1　工作过程

按照 PLC 系统的构成原理，PLC 系统由传感器、PLC 和执行器组成，PLC 通过循环扫描输入端口的状态，执行用户程序来实现控制任务，其操作原理如图 5-4 所示，操作过程分析如下。

PLC 将内部数据存储器分成若干个寄存器区域，其中过程映像区域又称为 I/O 映像寄存器区域。过程映像区域的输入映像寄存器区域（PII）用于存放输入端点的状态，输出映像寄存器区域（PIQ）用于存放用户程序（OB1）运行的结果。

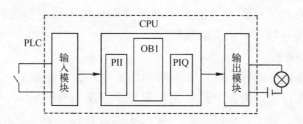

图 5-4　PLC 系统的操作过程

PLC 输入模块的输出信号状态与传感器信号相对应，为传感信号经过隔离和滤波后的有效信号。开关量输入电路只能识别传感器的 0、1 电平，不能识别开关的通、断。CPU 在每个扫描周期的开始扫描输入模块的信号状态，并将其状态送入到输入映像寄存器区域；CPU 根据用户程序中的程序指令来处理传感器信号，并将处理结果送到输出映像寄存器区域。

PLC 输出模块具有一定的负载驱动能力，在额定负载以内，直接和负载相连，可以驱动相应的执行器。

5.3.2　扫描周期及工作方式

S7-200 CPU 连续执行用户任务的循环序列称为扫描。PLC 的一个机器扫描周期是指用户程序运行一次所经过的时间，分为读输入（输入采样）、执行程序、处理通信请求、执行 CPU 自诊断、写输出（输出刷新）5 个阶段。PLC 运行状态按输入采样、程序执行、输出刷新等步骤，周而复始地循环扫描工作，如图 5-5 所示。

图 5-5　S7-200 CPU 的扫描周期

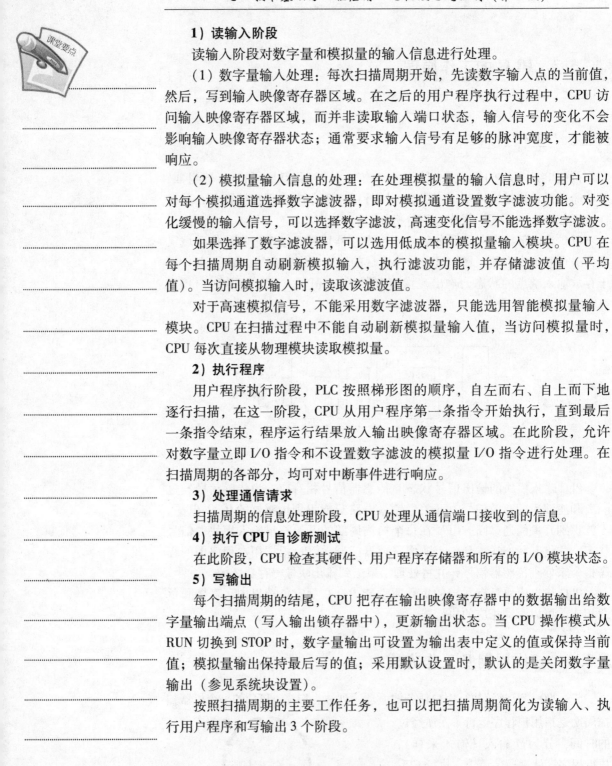

1）读输入阶段

读输入阶段对数字量和模拟量的输入信息进行处理。

（1）数字量输入处理：每次扫描周期开始，先读数字输入点的当前值，然后，写到输入映像寄存器区域。在之后的用户程序执行过程中，CPU访问输入映像寄存器区域，而并非读取输入端口状态，输入信号的变化不会影响输入映像寄存器状态；通常要求输入信号有足够的脉冲宽度，才能被响应。

（2）模拟量输入信息的处理：在处理模拟量的输入信息时，用户可以对每个模拟通道选择数字滤波器，即对模拟通道设置数字滤波功能。对变化缓慢的输入信号，可以选择数字滤波，高速变化信号不能选择数字滤波。

如果选择了数字滤波器，可以选用低成本的模拟量输入模块。CPU在每个扫描周期自动刷新模拟输入，执行滤波功能，并存储滤波值（平均值）。当访问模拟输入时，读取该滤波值。

对于高速模拟信号，不能采用数字滤波器，只能选用智能模拟量输入模块。CPU在扫描过程中不能自动刷新模拟量输入值，当访问模拟量时，CPU每次直接从物理模块读取模拟量。

2）执行程序

用户程序执行阶段，PLC按照梯形图的顺序，自左而右、自上而下地逐行扫描，在这一阶段，CPU从用户程序第一条指令开始执行，直到最后一条指令结束，程序运行结果放入输出映像寄存器区域。在此阶段，允许对数字量立即I/O指令和不设置数字滤波的模拟量I/O指令进行处理。在扫描周期的各部分，均可对中断事件进行响应。

3）处理通信请求

扫描周期的信息处理阶段，CPU处理从通信端口接收到的信息。

4）执行 CPU 自诊断测试

在此阶段，CPU检查其硬件、用户程序存储器和所有的I/O模块状态。

5）写输出

每个扫描周期的结尾，CPU把存在输出映像寄存器中的数据输出给数字量输出端点（写入输出锁存器中），更新输出状态。当CPU操作模式从RUN切换到STOP时，数字量输出可设置为输出表中定义的值或保持当前值；模拟量输出保持最后写的值；采用默认设置时，默认的是关闭数字量输出（参见系统块设置）。

按照扫描周期的主要工作任务，也可以把扫描周期简化为读输入、执行用户程序和写输出3个阶段。

5.4 PLC 的程序编制

PLC为用户提供了完整的编程语言，以适应编制用户程序的需要。PLC提供的编程语言通常有梯形图、指令表、功能图和功能块图。不同PLC厂

家使用的编程软件、指令符号均不相同，本书以西门子公司的 S7 - 200 系列 PLC 为例加以说明。

5.4.1 PLC 的编程语言

S7 - 200 系列 PLC 的 SIMATIC 指令有梯形图 LAD（Ladder programming）、语句表 STL（Statement List）和功能块图 FBD（Function Block Diagram）3 种编程语言。梯形图 LAD 程序类似于传统的继电器控制系统，直观、易懂；语句表 STL 类似于计算机汇编语言的指令格式。

1. 梯形图编辑器

梯形图编程语言是从继电器控制系统原理图的基础上演变而来的。PLC 的梯形图与继电器控制系统梯形图的基本思想是一致的，只是在使用符号和表达方式上有一定区别。

图 5-6 所示的是典型梯形图示意图。左右两条垂直的线称作母线。母线之间是触点的逻辑连接和线圈的输出。

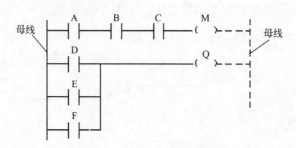

图 5-6 典型梯形图示意图

梯形图的一个关键概念是"能流"（Power Flow），这仅是概念上的"能流"。在图 5-6 中，把左边的母线假想为电源"火线"，而把右边的母线（虚线所示）假想为电源"零线"。如果有"能流"从左至右流向线圈，则线圈被激励。如没有"能流"，则线圈未被激励。

"能流"可以通过被激励（ON）的常开接点和未被激励（OFF）的常闭接点自左向右流。"能流"在任何时候都不会通过接点自右向左流。如图 5-6所示，当 A、B、C 接点都接通后，线圈 M 才能接通（被激励），只要其中一个接点不接通，线圈就不会接通；而 D、E、F 接点中任何一个接通，线圈 Q 就被激励。

【注意】引入"能流"的概念，仅是为了和继电接触器控制系统相比较，从而对梯形图有一个深入的认识，其实"能流"在梯形图中是不存在的。

有的 PLC 的梯形图有两根母线，但现在大部分 PLC 只保留左边的母线。在梯形图中，触点代表逻辑"输入"条件，如开关、按钮、内部条件

等；线圈通常代表逻辑"输出"结果，如灯、电机、接触器、中间继电器等。对 S7 - 200 PLC 来说，还有一种输出"指令盒"（方块图），它代表附加的指令，如定时器、计数器和功能指令等。梯形图语言简单明了，易于理解，是所有编程语言的首选。

2. 语句表编辑器

语句表编辑器使用指令助记符创建控制程序，类似于计算机的汇编语言，适合熟悉 PLC 并且有逻辑编程经验的程序员编程，语句表编程器提供了不用梯形图或功能块图编程器的编程途径。STL 是手持式编程器唯一能够使用的编程语言。语句表编程语言是一种面向机器的语言，具有指令简单、执行速度快等优点。STEP7 - Micro/WIN32 编程软件具有梯形图程序和语句表指令的相互转换功能，为 STL 程序的编制提供了方便。

3. 功能块图编辑器

功能块图是利用逻辑门图形组成功能块图的指令系统，功能块图指令由输入、输出段及逻辑关系函数组成，如图 5-7 所示。

网络 1 网络题目 (单行)

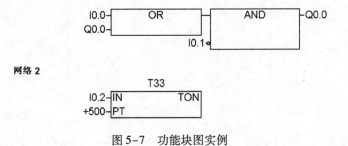

网络 2

图 5-7 功能块图实例

5.4.2 S7 - 200 PLC 基本指令

S7 - 200 系列 PLC 具有丰富的指令集，按功能可分为基本逻辑指令、算术运算指令、字逻辑运算指令、数据处理指令、程序控制指令及集成功能指令 6 部分。其中前 5 部分是编制 PLC 的基本应用程序经常用到的，称为基本指令；最后一部分是 PLC 完成复杂的功能控制所需要的，称为功能指令。本书仅介绍最基本、最常用的几条基本逻辑指令及其应用，其他指令用法可以参考相关教材或西门子公司的手册。

1. 基本位操作指令

位操作指令是 PLC 常用的基本指令，梯形图指令有触点和线圈两大类，触点又分为常开和常闭两种形式；语句表指令有与、或及输出等逻辑关系，位操作指令能够实现基本的位逻辑运算和控制。

　　梯形图指令由触点或线圈符号和直接位地址两部分组成，含有直接位地址的指令又称位操作指令。

　　基本位操作指令格式见表 5-1。

表 5-1　基本位操作指令格式

LAD	STL	功　能
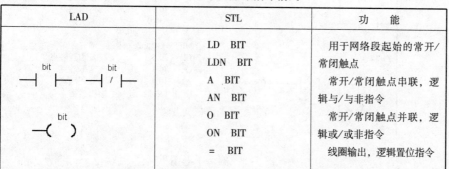	LD　BIT LDN　BIT A　BIT AN　BIT O　BIT ON　BIT =　　BIT	用于网络段起始的常开/常闭触点 常开/常闭触点串联，逻辑与/与非指令 常开/常闭触点并联，逻辑或/或非指令 线圈输出，逻辑置位指令

　　梯形图的触点符号代表 CPU 对存储器的读操作。CPU 运行扫描到触点符号时，到触点位地址指定的存储器位访问，该位数据（状态）为 1 时，触点为动态（常开触点闭合、常闭触点断开）；数据（状态）为 0 时，触点为常态（常开触点断开、常闭触点闭合）。

　　梯形图的线圈符号代表 CPU 对存储器的写操作。线圈左侧触点组成逻辑运算关系，逻辑运算结果为 1 时，能量流可以到达线圈，使线圈通电，存储器位置 1；逻辑运算结果为 0 时，线圈不通电，存储器位置 0（复位）。梯形图利用线圈通、断电描述存储器位的置位、复位操作。

　　综上所述，得出以下两个结论：梯形图的触点代表 CPU 对存储器的读操作，由于计算机系统读操作的次数不受限制；所以在用户程序中，常开、常闭触点使用的次数不受限制；梯形图的线圈符号代表 CPU 对存储器的写操作，由于 PLC 采用自上而下的扫描方式工作，在用户程序中，每个线圈只能使用一次，使用次数（存储器写入次数）多于一次时，其状态以最后一次为准。

　　语句表的基本逻辑指令由指令助记符和操作数两部分组成，操作数由可以进行位操作的寄存器元件及地址组成，如 LD I0.0。常用指令助记符的定义如下所述。

　　（1）LD（Load）：装载指令，对应梯形图从左侧母线开始，连接常开触点。

　　（2）LDN（Load Not）：装载指令，对应梯形图从左侧母线开始，连接常闭触点。

　　（3）A（And）：与操作指令，用于常开触点的串联。

　　（4）AN（And Not）：与操作指令，用于常闭触点的串联。

　　（5）O（Or）：或操作指令，用于常开触点的并联。

　　（6）ON（Or Not）：或操作指令，用于常闭触点的并联。

　　（7）=（Out）：置位指令，线圈输出。

【例 5-1】 位操作指令程序应用，如图 5-8 所示。

网络1

```
   I0.0        I0.1        M0.0
   ─┤├──────────┤/├─────────( )
   M0.0
   ─┤├─
```

网络2

```
   I0.2        I0.4        Q0.1
   ─┤├──────────┤/├─────────( )
   I0.3
   ─┤├─
```

```
NETWORK 1
LD    I0.0      //装入常开触点
O     M0.0      //或常开触点
AN    I0.1      //与常闭触点
=     M0.0      //输出线圈

NETWORK 2
LD    I0.2      //装入常开触点
O     I0.3      //或常开触点
AN    I0.4      //与常闭触点
=     Q0.1      //输出线圈
```

图 5-8　例 5-1 题图

工作原理分析

网络段 1：当输入点 I0.0 有效（I0.0 = 1 态）、输入端 I0.1 无效（$\overline{I0.1}$ = 1 态）时，线圈 M0.0 通电（内部标志位 M0.0 置 1），其常开触点闭合自锁，即使 I0.0 复位有效（I0.0 = 0 态），M0.0 线圈仍然维持导电。M0.0 线圈断电的条件是常闭触点 I0.1 打开（$\overline{I0.1}$ = 0），M0.0 自锁回路打开，线圈断电。

网络段 2：当输入点 I0.2 或 I0.3 有效、I0.4 无效时，满足网络段 2 的逻辑关系，输出线圈 Q0.1 通电（Q0.1 置 1）。

【说明】

☺ PLC I/O 端点的分配方法：每一个传感器或开关输入对应一个 PLC 确定的输入点，每一个负载对应一个 PLC 确定的输出点。外部按钮（包括启动和停车）一般用常开触点。

☺ 输出继电器的使用方法：PLC 在写输出阶段要将输出映像寄存器的内容送至输出点 Q，继电器输出方式 PLC 的继电器触点要动作，所以输出端不带负载时，控制线圈应使用内部继电器 M，尽可能不要使用输出继电器 Q 的线圈。

☺ 梯形图程序绘制方法：梯形图程序是利用 STEP7 编程软件在梯形图区按照自左而右、自上而下的原则绘制的。为提高 PLC 运行速度，触点的并联网络多连在左侧母线上，线圈位于最右侧。

☺ 梯形图网络段结构：梯形图网络段的结构是软件系统为程序注释和编译附加的，双击网络题目区，可以在弹出的对话框中输入程序段注释；网络段结构不增加程序长度，并且软件的编译结果可以明确指出程序错误语句所在的网络段，清晰的网络结构有利于程序的调试，正确地使用网络段，有利于程序的结构化设计，使程序简明易懂。

2. 定时器

S7－200 PLC 的定时器为增量型定时器，用于实现时间控制，可以按照工作方式和时间基准（时基）分类，时间基准又称为定时精度和分辨率。

按照工作方式，定时器可分为通电延时型（TON）、有记忆的通电延时型（保持型）（TONR）、断电延时型（TOF）3 种类型。

按照时基标准，定时器可分为 1ms、10ms、100ms 3 种类型，不同的时基标准，定时精度、定时范围和定时器的刷新方式不同。

CPU 22X 系列 PLC 的 256 个定时器分属 TON(TOF) 和 TONR 工作方式，以及 3 种时基标准，TOF 与 TON 共享同一组定时器，不能重复使用。详细分类方法及定时范围见表 5-2。

表 5-2　定时器工作方式及类型

工作方式	分辨率/ms	最大当前值/s	定时器号
TONR	1	32.767	T0，T64
	10	327.67	T1～T4，T65～T68
	100	3276.7	T5～T31，T69～T95
TON/TOF	1	32.767	T32，T96
	10	327.67	T33～T36，T97～T100
	100	3276.7	T37～T63，T101～T255

使用定时器时应参照表 5-2 的时基标准和工作方式合理选择定时器编号，同时要考虑刷新方式对程序执行的影响。

定时器指令格式见表 5-3。

表 5-3　定时器指令格式

LAD	STL	功能、注释
???? IN　TON ????－PT	TON	通电延时型
???? IN　TONR ????－PT	TONR	有记忆通电延时型
???? IN　TOF ????－PT	TOF	断电延时型

IN 是使能输入端；编程范围 T0～T255；PT 是预置值输入端，最大预置值 32767；PT 数据类型：INT。

下面从原理、应用等方面，对通电延时型（TON）定时器的使用方法进行介绍，其他两种可以参考相关教材或使用手册。

使能端（IN）输入有效时，定时器开始计时，当前值从 0 开始递增，大于或等于预置值（PT）时，定时器输出状态位置1（输出触点有效），当前值的最大值为32767。使能端无效（断开）时，定时器复位（当前值清零，输出状态位置0）。

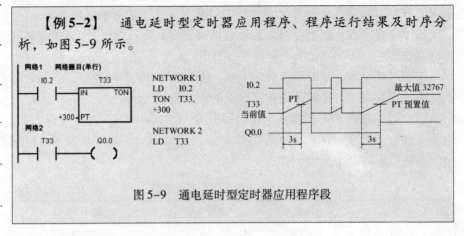

【例5-2】　通电延时型定时器应用程序、程序运行结果及时序分析，如图5-9所示。

图5-9　通电延时型定时器应用程序段

✓ 5.5　可编程控制器应用举例

下面结合继电控制系统的基本控制电路讲解 PLC 基本逻辑指令的应用。

5.5.1　自动起-停控制电路

前面已经介绍过自动起-停电路，该电路在梯形图中被广泛应用，该电路的梯形图如图5-10所示。

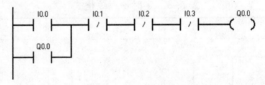

图5-10　自动起-停控制电路梯形图

图5-10 中，I0.0 ~ I0.3 对应着图4-19 中的 SB_1、SB_2、FR 和 FU_2，Q0.0 对应着 KM。当起动按钮 SB_1 按下时，I0.0 通电，Q0.0 线圈通电并且通过其常开触点闭合自锁，KM 通电自锁，电动机起动。按下停止按钮 SB_2，I0.1 断开，整个线路断电，电动机停止。I0.2、I0.3 分别进行过载和短路保护。

5.5.2　三相交流异步电动机正、反转控制电路

图5-11 所示为正、反转控制电路，电路分为主电路和控制电路两部分。主电路中的两个交流接触器 KM_1 和 KM_2 分别构成正、反两个相序的电源接线。控制原理分析：按动正转起动按钮 SB_1，接触器 KM_1 线圈通电自锁，KM_1 主触点闭合，电动机正向转动；电动机正转过程中，按动停车按钮 SB_3，KM_1 线圈

断电，自锁回路打开，主触点打开，电动机停转。按动反转按钮 SB$_2$，交流接触器 KM$_2$ 线圈通电自锁，KM$_2$ 主触点闭合，电动机反向转动。

　　分别将 KM$_1$、KM$_2$ 常闭触点串接在对方线圈电路中，形成相互制约的关系，简称为互锁控制，可以防止主电路中 KM$_1$ 和 KM$_2$ 的主触点同时闭合，将会造成主电路电源短路。

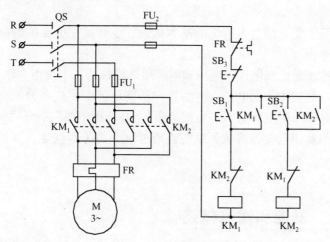

图 5-11　正、反转控制电路

该电路的梯形图如图 5-12 所示。

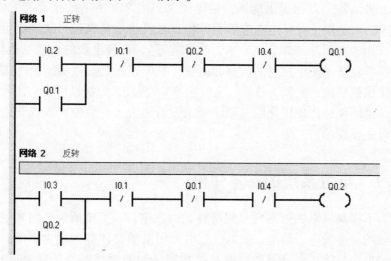

图 5-12　正、反转控制电路梯形图

该电路的 IO 地址分配如下：

SB1 I0.1　　　FR I0.4

SB2 I0.2　　　KM1 Q0.1

SB3 I0.3　　　MN2 Q0.2

梯形图工作原理，可参考控制电路进行分析。

第6章　工业企业供电与安全用电

　　本章是主要介绍电力系统的基本概念、企业供配电系统的基本概念和安全用电常识。

　　电力系统是由发电厂、电网和电能用户组成的一个发电、输电、变电、配电和用电的整体。供电是指电力用户所需电能的供应和分配问题。供配电系统由总降压变电所（或高压配电所）、高压配电线路、车间变电所、低压配电线路及用电设备组成。系统接地可以分为工作接地、保护接地和保护接零。

✓ 6.1　发电和输电概述

　　电力工业是国民经济的一个重要部门，它为工业、农业、交通运输业和社会生活各个方面提供能源，是现代人们生产和生活的重要能源之一，它属于二次能源，并且电能能够很方便且很经济地从其他形式的能量转化而来，如一次能源（煤、风、水、原子能等），而且电能的输送也很容易，分配简单经济，便于控制、调节和测量，易于转化成其他的能量（如将电能转化成机械能、光能、热能、化学能等）。因此，电能已广泛应用到各个领域，是国民经济现代化的基础。如果没有电力工业，整个现代化的发展是不可能实现的。

6.1.1　电力系统的基本知识

　　为了提高供电的可靠性及经济性，由发电厂、变电所、电网和电能用户组成的一个发电、输电、变电、配电和用电的整体称为电力系统。而且电能的生产、输送、分配和消费都是在同一时间完成的，是同时进行的，即发电厂任何时候生产的电能等于用户消耗的电能加上输送和分配过程中消耗的电能总和。电力系统加上热能动力装置或水能动力装置及其他能源装置，称为动力系统。在电力系统中，由各级电压的输配电线路和变电所组成的部分称为电力网络，简称电网。图6-1所示为动力系统、电力系统和电网之间关系的示意图。

6.1.2　发电厂

　　发电厂又称发电站，是将一次能源转化为二次能源的工厂，是电力系统的中心环节，发电厂的种类很多，根据利用的能源不同，可以分为火力发电厂、水力发电厂、核能发电厂、风力发电场，以及地热、太阳能、潮汐能发电厂等。到 2009 年年底，全国发电装机总容量为 $8.74 \times 10^8 kW$，其中火电 $6.205 \times 10^8 kW$，占总容量 74.60%；水电 $1.9679 \times 10^8 kW$，占总容量 22.51%；风电并网总容量 $0.1613 \times 10^8 kW$，占总容量 2.89%。下面重点介绍火力发电厂、水力发电厂、核能发电厂这 3 种类型的发电厂。

1) 火力发电厂（简称火电厂）

水力发电是利用自然界中的煤、石油、天然气为燃料，利用燃料的化学能来产生热能，再利用汽轮机等热力机械将热能转化为机械能，发电机再将其转化为电能。我国火电厂以燃煤为主，为了提高燃料的使用效率，现代火电厂都将煤块粉碎成煤粉燃烧，煤粉在锅炉的炉膛内充分燃烧，将锅炉的水烧成高温高压的蒸汽，推动汽轮机转动，使与之联轴的发电机旋转发电。

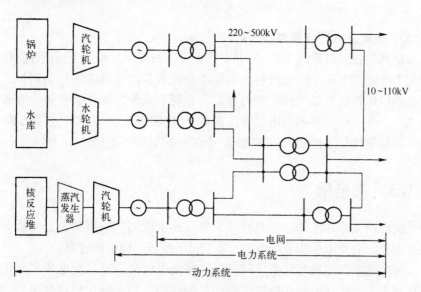

图 6-1　动力系统、电力系统、电网示意图

火电厂又分为凝汽式电厂和热电厂两种类型。

凝汽式电厂仅向用户供出电能。我国大多数凝汽式电厂一般建在一次能源比较丰富的地方，如各煤矿、煤炭基地及其附近，或者建在铁路交通便利的地方，这类火电厂往往远离用电中心，必须将发出来的电能，通过高压输电线路送到负荷中心。其生产过程如图 6-2 所示。

热电厂不仅向用户供电，同时还向用户供蒸汽或热水。由于供热距离不宜太远，所以热电厂多建在城市和用户附近。热电机组的发电出力与热力用户的用热有关，用热量多时，热电机组发出的电能相应增加；用热少时，热电机组发出的电能相应减少。热电厂的建立能减少烟尘的排放，有利于城市的环境保护。

2) 水力发电厂（简称水电厂）

水力发电是利用水的落差将势能转化为动能，推动水轮机转动，带动

发电机发电。它主要由水库、水轮机和发电机组成，发出的电中很少一部分作为水电厂用电使用，大部分都经过变压器升压后输送至用电区域。其能量转化过程：水位势能→机械能→电能。

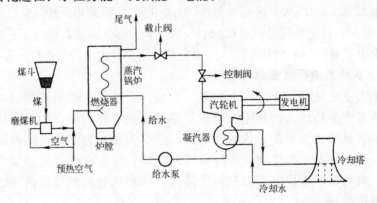

图6-2　火电厂生产过程示意图

3）核能发电厂（简称核电站）

核能的核燃料是铀235，它是利用原子能的核裂变来产生热能并将热能转化为电能的。其生产过程与火电厂类似，只是以核反应堆代替锅炉，用很少的核燃料就可以代替大量的煤炭，有利于减少二氧化碳和灰尘等有害物质。一个1000MW的核电站每年需要30吨铀235，大约节约燃煤300万吨。其能量转化过程是：核裂变能→热能→机械能→电能。

6.1.3　变电所

变电所又称变电站，它是联系发电厂和电能用户的桥梁，它的任务是接受电能、变换电压和分配电能，即受电—变压—配电的过程。

按变电所的性质和任务不同，可以将变电所分为升压变电所和降压变电所两大类。按变电站在电网中的地位和作用不同又分为枢纽变电站、中间变电站、地区变电站和终端变电站。

升压变电所一般建在发电厂附近，其主要任务是将低电压变换为高电压；降压变电所一般建在靠近负荷中心的地点，其主要任务是将高电压变换到一个合理的电压等级。

枢纽变电站位于用电大的区域或大城市附近，从220~1000kV的超高压输电网或发电厂直接受电，通过变压器把电压降为35~110kV，供给该区域的用户或大型工业企业用电，其供电范围较大。

中间变电站起交换功率或分段长距离高压输电的作用。一般汇集多个电源，高压侧电压等级为220~330kV，同时少量电能供给当地用户。

地区变电站高压侧电压一般为110~220kV，从枢纽变电所受电，经变压器把电压降到10~110kV，对市区或地区供电。

终端变电站位于输电线路末端，接近负荷中心，高压侧电压为35~110kV，降压后直接向用户供电。

6.1.4　电网

按其用途分，电网分为输电网和配电网；按照电压高低可分为低压网（1kV 以下），中压网（1～10kV），高压网（35～220kV）、超高压网（330～750kV）和特高压网（1000kV 以上）。

6.1.5　电能用户

电能用户又称电力负荷。在电力系统中，一切消费电能的用电设备均称为电能用户。

用电设备按电流不同可分为直流设备与交流设备两类，而大多数设备为交流设备；按电压高低可分为低压设备与高压设备，1kV 及以下的属低压设备，高于 1kV 的属高压设备；按频率高低可分为低频（50Hz 以下）、工频（50Hz）及中、高频（50Hz 以上）设备，绝大部分设备采用工频；按用途不同可分为动力用电设备（如电动机）、电热用电设备（如电炉、干燥箱、空调器等）、照明用电设备、试验用电设备、工艺用电设备（如电解、电镀、冶炼、电焊、热处理等）。

✓ 6.2　工厂供电系统

供配电系统由总降压变电所（高压配电所）、高压配电线路、车间变电所、低压配电线路及用电设备组成。下面分别介绍几种不同类型的供配电系统。

6.2.1　一次变压的工厂供电系统

1. 高压深入负荷中心的一次变压供配电系统

某些中小型工厂，如果本地电源电压为 35/110kV，且工厂的各种条件允许时，可直接采用 35/110kV 作为配电电压，将 35/110kV 线路直接引入靠近负荷中心的工厂车间变电所，再由车间变电所一次变压为 380/220V，供低压用电设备使用。图 6-3 所示的这种高压深入负荷中心的一次变压供配电方式，可节省一级中间变压，从而简化了供配电系统，节约有色金属，降低电能损耗和电压损耗，提高了供电质量，而且有利于工厂电力负荷的发展。

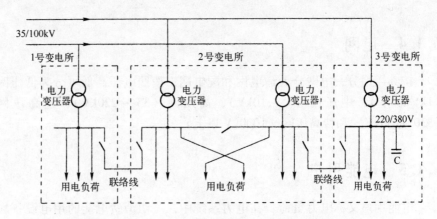

图6-3　高压深入负荷中心的一次变压供配电方式

2. 只有一个变电所的一次变压系统

对于用电量较少的小型工厂或生活区，通常只设一个将10kV电压降为380/220V电压的变电所，这种变电所通常称为车间变电所，该系统如图6-4所示。

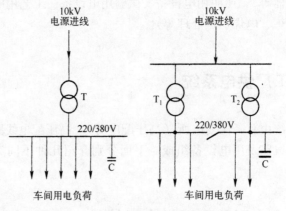

图6-4　仅有一个变电所的一次变压系统

3. 拥有高压配电所的一次变压供配电系统

一般中、小型工厂，多采用10kV电源进线，经高压配电所（HDS）将电能分配给各个车间变电所，由车间变电所再将10kV电压降至380/220V，供低压用电设备使用；同时，高压用电设备直接由高压配电所的10kV母线供电。该系统如图6-5所示。

6.2.2　二次变压的工厂供电系统

图6-6所示的是一个比较典型的工厂大型企业二次变压的工厂供电系统。该企业采用35～110kV的电源进线，供电系统先经过总降压变电所，通常装设有两台较大容量的电力变压器，将35～110kV的电源电压降为

10kV 的配电电压，然后通过高压配电线路将电能送到各个车间变电所或高压配电所，最后利用车间变压器将电压降到一般低压用电设备需要的电压，高压用电设备则直接由总降压变电所的 10kV 母线供电。

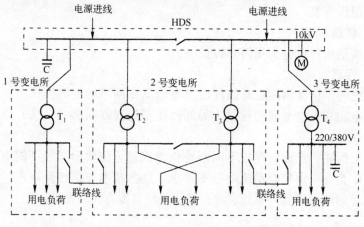

图 6-5　拥有高压配电所的一次变压供配电系统

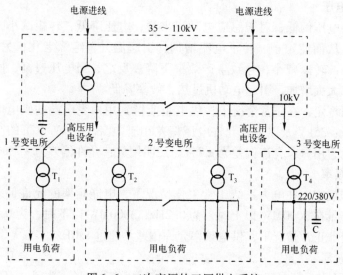

图 6-6　二次变压的工厂供电系统

6.2.3　供电质量

供电质量一般是以频率、电压和波形来衡量的。供电质量直接影响工农业等各方面电能用户的工作质量，同时也影响电力系统自身设备的效率和安全。因此，了解和熟悉供电质量对用户的影响是很有必要的。

1. 用户对供电质量的基本要求

1）安全

安全是指电能供应、分配和使用过程中，不能发生人身事故和设备事故。供配电的安全是对系统的最基本要求。

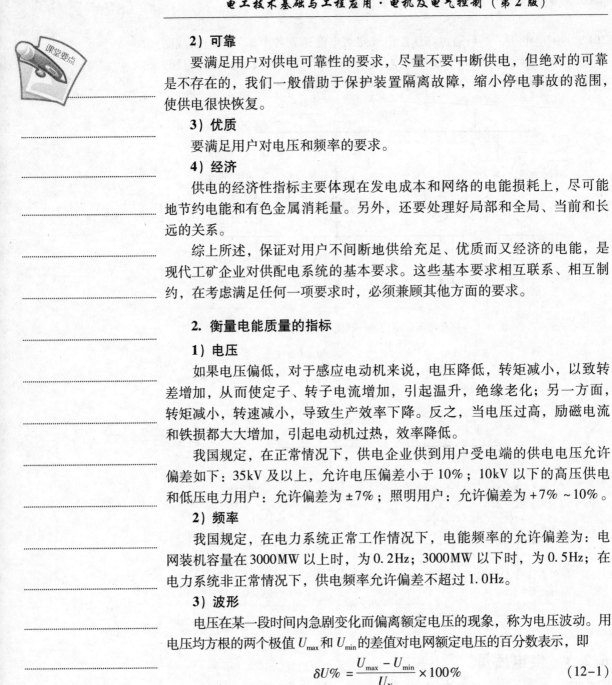

2）可靠

要满足用户对供电可靠性的要求，尽量不要中断供电，但绝对的可靠是不存在的，我们一般借助于保护装置隔离故障，缩小停电事故的范围，使供电很快恢复。

3）优质

要满足用户对电压和频率的要求。

4）经济

供电的经济性指标主要体现在发电成本和网络的电能损耗上，尽可能地节约电能和有色金属消耗量。另外，还要处理好局部和全局、当前和长远的关系。

综上所述，保证对用户不间断地供给充足、优质而又经济的电能，是现代工矿企业对供配电系统的基本要求。这些基本要求相互联系、相互制约，在考虑满足任何一项要求时，必须兼顾其他方面的要求。

2. 衡量电能质量的指标

1）电压

如果电压偏低，对于感应电动机来说，电压降低，转矩减小，以致转差增加，从而使定子、转子电流增加，引起温升，绝缘老化；另一方面，转矩减小，转速减小，导致生产效率下降。反之，当电压过高，励磁电流和铁损都大大增加，引起电动机过热，效率降低。

我国规定，在正常情况下，供电企业供到用户受电端的供电电压允许偏差如下：35kV 及以上，允许电压偏差小于 10%；10kV 以下的高压供电和低压电力用户：允许偏差为 ±7%；照明用户：允许偏差为 +7% ~ 10%。

2）频率

我国规定，在电力系统正常工作情况下，电能频率的允许偏差为：电网装机容量在 3000MW 以上时，为 0.2Hz；3000MW 以下时，为 0.5Hz；在电力系统非正常情况下，供电频率允许偏差不超过 1.0Hz。

3）波形

电压在某一段时间内急剧变化而偏离额定电压的现象，称为电压波动。用电压均方根的两个极值 U_{max} 和 U_{min} 的差值对电网额定电压的百分数表示，即

$$\delta U\% = \frac{U_{max} - U_{min}}{U_N} \times 100\% \qquad (12-1)$$

由于电力系统中存在大量的非线性供/用电设备，使得电压波形偏离正弦波，这种现象称为电压正弦波畸变。电压波形的畸变程度用电压正弦波畸变率来衡量，也称为电压谐波畸变率。

✓⁺ 6.3 安全用电

电力的生产和使用有其自身的特殊性，如果生产和使用中不注意安全，就会造成人身伤亡事故和财产的巨大损失，同时还可能波及电力系统，造

成系统大面积停电，给整个社会带来不可估量的损失。人身触电事故的发生，一般不外乎两种情况：人体直接触及或过分靠近电气设备的带电部分；人体碰触平时不带电，因绝缘损坏而带电的金属外壳或金属构架。针对这两种情况，通常采用的保护设施有工作接地、保护接地和保护接零。

6.3.1　名词解释

> 【接地体】埋入地下直接与土壤接触，有一定散流电阻的金属导体或金属导体组，称为接地体，如埋入地下的钢管、角铁等。
>
> 【接地线】连接接地体与电气设备接地部分的金属导线，称为接地线。
>
> 【接地装置】接地体和接地线的总称。
>
> 【对地电压】电气设备的接地部分（如接地外壳、接地线、接地体等）与零电位之间的电位差。
>
> 【散流电阻】接地体的对地电压与通过接地体流入地中的电流之比。
>
> 【接地电阻】接地体的对地电阻和接地线电阻的总和。
>
> 【中性点、中性线】星形联结的三相电路的中点称为中性点；中性点引出线为中性线。
>
> 【零点、零线】当中性点直接接地时，该中性点称为零点；由零点引出的导线为零线。
>
> 【接触电压】当有接地电流流入大地时，人体同时触及的两点间的电位差称接触电压 U_{jC}（如人手触及设备的接地部分和脚所站土壤的电位差）。
>
> 【跨步电压】当人的两脚站在带有不同电位的地面上时，两脚间的电位差称为跨步电压 U_{KB}。一般人的步距取为 $0.8\mathrm{m}$。

6.3.2　电流对人体的危害

人体接触电流会受到两种伤害：一是电击（电流流过人体，造成体内组织的破坏，导致伤亡），二是电伤（电流的热效应、化学效应、磁力效应等，从外部对人体组织造成伤害）。两种伤害有可能同时发生，但绝大多数触电事故是由电击造成的，所以通常说触电一般指电击。

人体是偏电容性的导电体，人体阻抗大小与皮肤的健康、干燥、洁净程度等诸多因素有关，阻抗值一般大于 $1\mathrm{k\Omega}$。电击对人的伤害与人体承受电流的大小、频率及触电部位、持续时间长短等因素有关。

1. 电流大小及持续时间等因素

有研究表明，对于工频 $50\mathrm{Hz}$ 的电流，当约 $1\mathrm{mA}$ 电流流过人体时，会产生麻木、刺痛等不适感；当 $10\sim30\mathrm{mA}$ 电流流过人体时，会导致麻痹、

剧痛、痉挛、血压升高、呼吸困难等症状出现，人体难以自主摆脱电源；当电流达 50mA 以上时，会引起心室颤动、神经系统受损、危及生命；达到 100mA 以上的电流则足以致人死亡。

电流通过人体的时间越长，对人体危害越大。因此，一旦发生触电事故，首先要迅速切断电源或采取其他措施，使触电者及时脱离通电回路，终止电流对人体的继续伤害，然后加以救治。

2. 触电部位及电流频率等因素

触电部位以电流经过人的脑部和心脏伤害最重，而电流由手至脚流过时会触及人体丰富的神经组织，伤害也非常严重。

人体对直流电的承受力比对工频交流电稍强。30～100Hz 交流电对人的伤害最大。而 20kHz 以上的低压交流频率对人相对是安全的，因此高频电流可用于疾病的物理治疗。

6.3.3 常见的触电情况

当人体直接或间接触及电源线，导致电流经人体构成回路时，便会发生触电伤害事故。触电方式有多种，如单相触电、两相触电及跨步电压触电等，最常见的是单相触电。

图 6-7(a)所示为电源中性点接地系统中的单相触电，其危害程度取决于人体与地面的绝缘程度，绝缘不好则危险很大。图 6-7(b)所示为电源中性点不接地系统中的单相触电，由于输电线与大地间绝缘电阻 R' 有时不高，又有导线与大地间分布电容 C' 存在，可与人体构成回路而造成伤害。

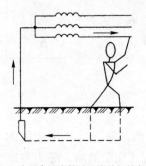
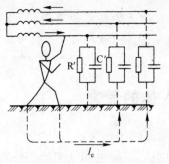
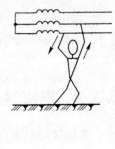

(a) 电源中性点接地系统单相触电　　(b) 中性点不接地系统单相触电　　(c) 两相触电

图 6-7　常见的触电情况

两相触电指人体不同部位同时触及两根相线，如图 6-7(c)中两手接触的情况。这时人体直接承受线电压，是最严重的触电形式，一般不多见。

当遇到雷击灾害和高压线断落触地时，会有强大电流流入大地，在接地点周围地面形成较大的电位差。人走过时，会因承受跨步电压而触电。跨步电压大小与跨距及离接地点距离、接地电流大小等因素有关。以跨距为 0.8m 计，在 10kV 高压线接地点 20m 外、380V 相线接地点 5m 外才是安全的。若误入危险区，应双脚并拢或用单脚跳离，避免触电。

6.3.4　常用的保护措施

1. 采用安全电压

国际电工委员会（IEC）规定人体允许长期承受的电压极限是，常规环境下交流（15～100Hz）电压 50V，直流（非脉动）电压 120 V；潮湿环境下交流电压 25V，直流电压 60V。我国规定的安全电压额定标准值有 42V、36V、24V、12V、6V 等，用户可根据使用环境、工作方式、行业规范等选用合适的安全电压，如机床采用 36V 局部照明；狭窄、潮湿的场所采用 12V 电气设备等。

2. 正确选择、安装熔断器及开关

熔断器是最简便的短路保护装置，只要选择适当、安装正确，就能有效分断短路电流，保护设备及人身安全。熔断器选择熔丝额定电流时，在无冲击电流电路中应稍大于或等于额定负载电流，在有冲击电流电路中则按负载额定电流的 1.5～2.5 倍选取。

在单相负载回路安装单线开关及单侧熔断器时，应注意安装在火线端侧，使分断后的负载只接通零线，从而保障人身安全，如图 6-8 所示。

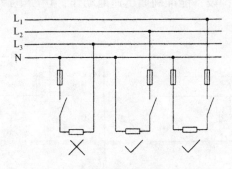

图 6-8　熔断器及开关的连接方式

3. 接地

多数触电事故是由于设备运行后机内导体绝缘损坏或接线端松脱等原因使相线与设备金属外壳接触，导致外壳带电，人体触及漏电外壳就会发生单相触电。为防止这类事故，电气设备金属外壳通常采用接地或接零保护措施。

1）工作接地

在正常或故障情况下，为保证电气设备安全可靠工作，将电力系统中的某一点（通常是中性点）直接或经特殊装置（如消弧线圈、电抗、电阻、击穿熔断器）接地，称为工作接地，如图 6-9 所示。

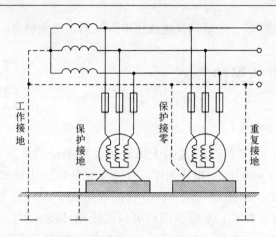

图6-9　工作接地、保护接地、保护接零、重复接地示意图

工作接地的作用有如下3点：

（1）降低人体的接触电压：在中性点绝缘系统中，当一相碰地而人体又触及另一相时，人体所受到的接触电压为线电压，如图6-10（a）所示。在中性点接地系统中，当一相碰地而人触及另一相时，人体所受到的接触电压为相电压，如图6-10（b）所示。

（2）迅速切断故障设备：在中性点绝缘系统中，当一相碰地时，由于接地电流很小，保护设备不能迅速切断电源，使故障长时间持续下去，对人极不安全。在中性点接地系统中，当一相碰地时，接地电流成为很大的单相短路电流，保护设备能准确而迅速地动作，切断电源，避免人体触电，如图6-10（b）所示。

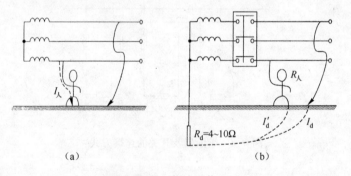

图6-10　工作接地作用图

（3）降低电气设备和输电线路的绝缘水平：综上所述，当一相碰壳或接地时，其他两相的对地电压，在中性点绝缘系统中将升高为线电压；而在中性点接地系统中，将等于相电压。因此在进行电气设备和输电线路设计时，在中性点接地系统中，只要按相电压而不必按线电压的绝缘水平来考虑。这就降低了电气设备的制造成本和输电线路的建设费用。

2）保护接地

保护接地就是将电气设备在正常情况下不带电的金属外壳与接地体作良好的连接，以保证人身安全。

当电气设备某处的绝缘损坏时，其外壳带电，若有一相碰壳，且电源

中性点又不接地，就不会由保护装置及时切除这一故障。如果人体一旦触及外壳，电流就会经过人体和线路对地电容形成回路，造成触电事故，如图6-11(a)所示。采用保护接地后，碰壳的接地电流分成两路：接地体和人体两条支路。若人体电阻为 $R_人$，接地电阻为 R_d，则流过每条支路的电流值与其电阻的大小成反比，

即

$$\frac{I_人}{I_d} = \frac{R_d}{R_人}$$

一般情况下，人体的电阻达 $40 \sim 100 k\Omega$，即使在最恶劣的环境下，人体的电阻也有约 $1k\Omega$。而接地电阻不允许超过 4Ω，则流过人体的电流几乎等于零。因此，采用保护接地，完全可以避免或减轻触电的危害。

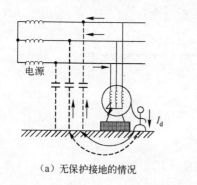
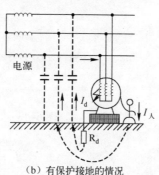

（a）无保护接地的情况　　　　（b）有保护接地的情况

图6-11　保护接地的作用

3）保护接零

保护接零措施如图6-12所示。电源中性点接地的三相四线制系统（T），将用电设备的金属外壳与零线可靠连接（N），采用这种保护措施的系统称 TN 系统。该系统中若出现碰壳漏电，则形成相线与零线短接，短路电流会使线路上的保护装置迅速动作，切除故障设备，消除触电危险。三相四线制系统若电源中性点不接地，一旦发生单相对地短接，则中性点与地之间有相电压存在，这将使保护接零的设备外壳都带有相电压，十分危险。在图6-12(a)中，工作零线与保护零线合二为一，称 TN-C 系统。有条件的供电网，工作零线与保护零线是分开敷设的，称 TN-S 系统，为三相五

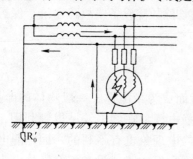
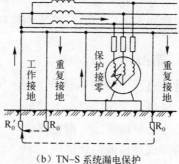

（a）TN-C 系统漏电保护　　　　（b）TN-S 系统漏电保护

图6-12　TN 系统保护措施

线制系统，如图 6-12(b) 所示。根据客观条件，两条零线也可采用前段合一、后段分开敷设方式，称 TN - C - S 系统。保护零线可重复接地，以增强保护效果，而工作零线不允许重复接地。

电源中性点接地（T）、用电设备外壳也可靠接地（T）的保护系统称 TT 系统，如图 6-13 示，一般不被采用。在这种方式下发生碰壳漏电时，接地电流 I_e 经设备接地电阻 R_0 和电源接地电阻 R_0' 形成回路。

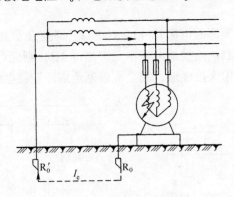

图 6-13　TT 系统保护措施

$$I_e = \frac{U_P}{R_0 + R_0'}$$

在市电 380/220V 系统，设 $R_0 = R_0' = 4\Omega$，则 $I_e = \frac{220}{4+4} = 27.5\text{A}$，该电流只能确保整定值在 $\frac{27.5}{1.5} \approx 18.3\text{A}$ 以下的继电保护装置快速地分断动作或额定值在 $\frac{27.5}{3} \approx 9.2\text{A}$ 以下的熔丝快速熔断。大负荷情况下，保护整定值更高，I_e 不能可靠启动分断动作，致使电流长期存在，设备外壳便带有电压

$$U_e = \frac{U_P}{R_0 + R_0'} \cdot R_0 = \frac{1}{2} \times 220 = 110\text{V}$$

这会对人体构成危险。某些只能采用 TT 系统的专业场合，则必须用隔离变压器等与 TN 系统实行电隔离，并按相应规范装设漏电开关（由漏电电流等信号触发的保护装置），以便及时切除故障设备或故障系统。保护接地与保护接零不应在同一系统中使用。

4. 静电防护

处在电场中的导体会产生感应电荷而成为带电体，一般物体的摩擦、破断、受热、受压等也会有静电产生。静电现象在许多领域得到利用，如静电除尘、静电喷涂、静电复印等。但静电现象也有不利的一面，静电的积累若形成对地或两物体间的高压，则会危及人身或设备安全，静电火花甚至会酿成火灾或爆炸。

静电防护方法，一是限制静电产生，如生产中限制粉、气、液体流速，慎用皮带传送等；二是防止静电积累，及时泄放、中和静电荷，如相关设备及管道采用导电材料并可靠接地、原材料中添加抗静电剂、环境中增加空气湿度、保证空气流通，以及使用静电中和器等。

5. 雷电防护

雷电形式一般有线状雷、片状雷和球状雷等。对地面的雷击多为线状雷，由于带负电的雷云会在邻近地面上感应大量正电荷，形成强大电场，当电场强度超过空气电离的临界值时，就能使局部空气电离产生剧烈的雷云放电，雷电流可高达数十万安培。雷电的危害方式有多种：一是直接雷击，其热效应和电动力破坏性很强；二是邻近雷击使周围导电体产生强大的感应电压和感应电流，其破坏力也不可小视，这种二次伤害事故比直接雷击更加频繁；另外，户外的天线、架空导线和金属管道等还会将雷电波高电位导入室内，引发火灾和触电伤亡。

常用的防雷措施是给高层建筑物等架设避雷针；对高压线则采用架设避雷线等防雷装置。一般防雷装置由接闪器（避雷针等）、引下线（用多条线）、接地装置等3部分组成。避雷针的保护范围如图6-14所示，在针尖距离地面高度的1/2以上部分，是由45°倾斜线覆盖下的锥形空间，下半部分则是在地面水平距离以针高的1.5倍为半径画圆，由连接上圆锥底的折线所圈定的圆台空间范围（实践中尚有一定的经验修正）。随着时代的进步，改进的多根避雷针阵列、避雷带、避雷网、消雷器等各种防雷措施和装置，可结合经济、高效、审美的需求灵活选用。

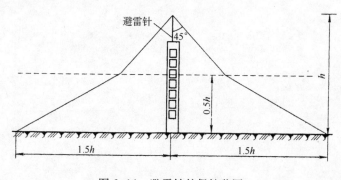

图6-14　避雷针的保护范围

只要平时注重普及安全知识，不断强化安全意识，严格执行安全法规，就能有效防止各种安全事故。

✓⁺ 小结

1. 供电系统概述。电力系统是由发电厂、电网和电能用户组成的一个发电、输电、变电、配电和用电的整体。供电是指电力用户所需电能的供应和分配问题。对供电的基本要求是安全、可靠、优质、经济。供配电系

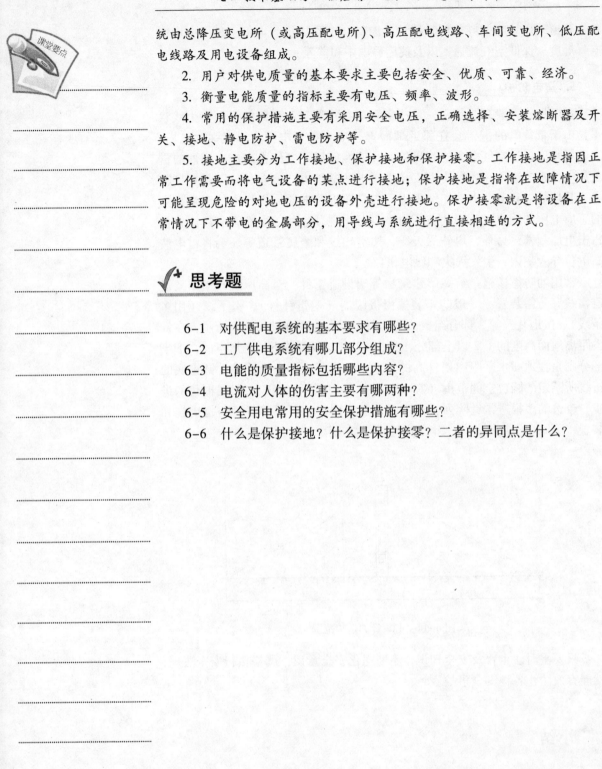

统由总降压变电所（或高压配电所）、高压配电线路、车间变电所、低压配电线路及用电设备组成。

2. 用户对供电质量的基本要求主要包括安全、优质、可靠、经济。

3. 衡量电能质量的指标主要有电压、频率、波形。

4. 常用的保护措施主要有采用安全电压，正确选择、安装熔断器及开关、接地、静电防护、雷电防护等。

5. 接地主要分为工作接地、保护接地和保护接零。工作接地是指因正常工作需要而将电气设备的某点进行接地；保护接地是指将在故障情况下可能呈现危险的对地电压的设备外壳进行接地。保护接零就是将设备在正常情况下不带电的金属部分，用导线与系统进行直接相连的方式。

思考题

6-1 对供配电系统的基本要求有哪些？

6-2 工厂供电系统有哪几部分组成？

6-3 电能的质量指标包括哪些内容？

6-4 电流对人体的伤害主要有哪两种？

6-5 安全用电常用的安全保护措施有哪些？

6-6 什么是保护接地？什么是保护接零？二者的异同点是什么？

第7章　EDA 技能训练——Tina Pro 操作入门

7.1　Tina Pro 仿真软件应用介绍

7.1.1　Tina Pro 概况

Tina Pro 是重要的现代化 EDA（Electronic Design Automation，即电子电路设计自动化）软件之一，用于模拟及数字电路的仿真分析。其研发者是欧洲（匈牙利）Designsoft Inc. 公司，目前流行于 40 多个国家，并有 20 余种不同语言的版本，其中包括中文版，大约含有两万多个分立或集成电路元器件。

学习 Tina Pro，要求会较熟练地应用软件，能理解及掌握其具有的电路仿真分析功能，对给定的电路所实现的功能进行仿真分析；同时能在今后的工作实践中，当从科技书刊或资料中查阅相关的原始电路图后，会用软件对电路所能实现的功能进行全面仿真分析，对原始电路结构进行修改或设计，对电路参数进行优化设计，以达到对实际电路进行仿真分析与设计的目标。

该软件的具体功能包括：在模拟电路分析方面，Tina Pro 除了具有一般电路仿真软件通常所具备的直流分析、瞬态分析、正弦稳态分析、傅里叶分析、温度扫描、参数扫描、最坏情况及蒙特卡罗统计等仿真分析功能外，还能先对输出电量进行指标设计，然后对电路元件的参数进行优化计算。此外，它具有符号分析功能，即能给出时域过渡过程表达式或频域传递函数表达式；具有 RF 仿真分析功能；具有绘制极点图、相量图、Nyquist 图等重要的仿真分析功能。

在数字电路分析方面，Tina Pro 支持 VHDL 语言；并具有 BUS 总线及虚拟连线等功能，这避免了电路图中元件之间连线过密，使得电路绘图界面看起来更清晰、简洁。

Tina Pro 具有 8 种虚拟测量仪器，各仪器与元件之间采用虚拟连线。其虚拟测试仪器（如多踪示波器）的动态演示功能，是极好的电类教学辅助工具。Tina Pro 的仿真分析结果，如波形图，可方便地与电路图粘贴在界面中，对输出打印及分析资料的完整保存十分便利。

Tina Pro 可以与其硬件设备 Tina-Lab，即实时信号发生器、数据采集器

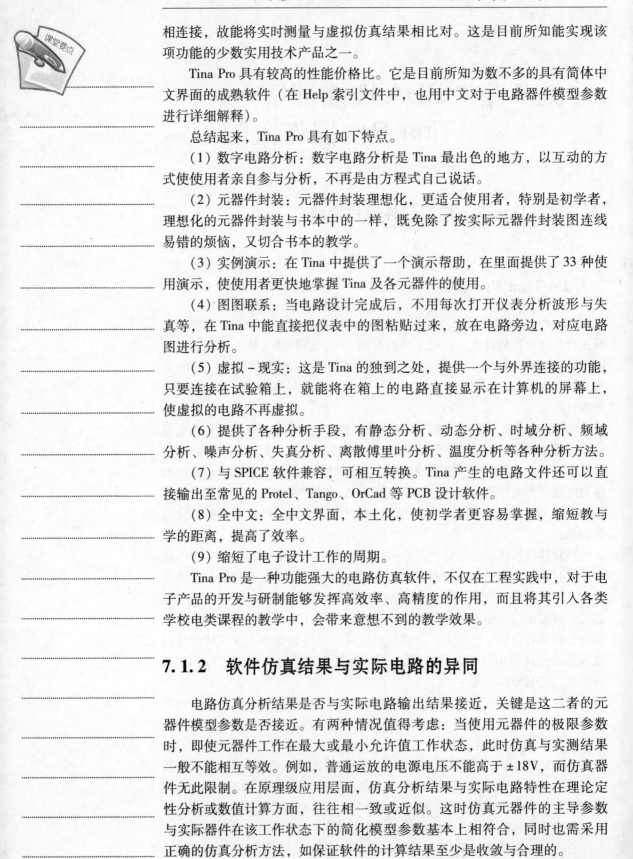

相连接，故能将实时测量与虚拟仿真结果相比对。这是目前所知能实现该项功能的少数实用技术产品之一。

Tina Pro 具有较高的性能价格比。它是目前所知为数不多的具有简体中文界面的成熟软件（在 Help 索引文件中，也用中文对于电路器件模型参数进行详细解释）。

总结起来，Tina Pro 具有如下特点。

（1）数字电路分析：数字电路分析是 Tina 最出色的地方，以互动的方式使使用者亲自参与分析，不再是由方程式自己说话。

（2）元器件封装：元器件封装理想化，更适合使用者，特别是初学者，理想化的元器件封装与书本中的一样，既免除了按实际元器件封装图连线易错的烦恼，又切合书本的教学。

（3）实例演示：在 Tina 中提供了一个演示帮助，在里面提供了 33 种使用演示，使使用者更快地掌握 Tina 及各元器件的使用。

（4）图图联系：当电路设计完成后，不用每次打开仪表分析波形与失真等，在 Tina 中能直接把仪表中的图粘贴过来，放在电路旁边，对应电路图进行分析。

（5）虚拟－现实：这是 Tina 的独到之处，提供一个与外界连接的功能，只要连接在试验箱上，就能将在箱上的电路直接显示在计算机的屏幕上，使虚拟的电路不再虚拟。

（6）提供了各种分析手段，有静态分析、动态分析、时域分析、频域分析、噪声分析、失真分析、离散傅里叶分析、温度分析等各种分析方法。

（7）与 SPICE 软件兼容，可相互转换。Tina 产生的电路文件还可以直接输出至常见的 Protel、Tango、OrCad 等 PCB 设计软件。

（8）全中文：全中文界面，本土化，使初学者更容易掌握，缩短教与学的距离，提高了效率。

（9）缩短了电子设计工作的周期。

Tina Pro 是一种功能强大的电路仿真软件，不仅在工程实践中，对于电子产品的开发与研制能够发挥高效率、高精度的作用，而且将其引入各类学校电类课程的教学中，会带来意想不到的教学效果。

7.1.2 软件仿真结果与实际电路的异同

电路仿真分析结果是否与实际电路输出结果接近，关键是这二者的元器件模型参数是否接近。有两种情况值得考虑：当使用元器件的极限参数时，即使元器件工作在最大或最小允许值工作状态，此时仿真与实测结果一般不能相互等效。例如，普通运放的电源电压不能高于 $\pm18V$，而仿真器件无此限制。在原理级应用层面，仿真分析结果与实际电路特性在理论定性分析或数值计算方面，往往相一致或近似。这时仿真元器件的主导参数与实际器件在该工作状态下的简化模型参数基本上相符合，同时也需采用正确的仿真分析方法，如保证软件的计算结果至少是收敛与合理的。

✓⁺ 7.2　Tina Pro 电路仿真实训

7.2.1　熟悉 Tina Pro 软件

1. 整体软件界面浏览

在计算机上正确安装 Tina Pro 软件后，可以在"桌面"或者"开始"菜单的"程序"（以后将以"开始 \ 程序"形式表示）项中找到如图 7-1 所示的图标，单击该图标即可启动 Tina Pro。

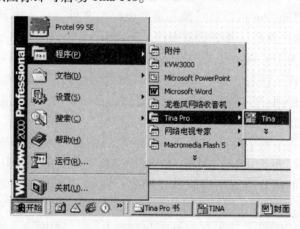

图 7-1　Tina Pro 的启动方式

启动 Tina Pro 后，可以进入工作界面，如图 7-2 所示。界面大致可以分为 6 个重要的功能区，即控制框、功能菜单、工具栏、元件栏、工作区、切换电路栏。

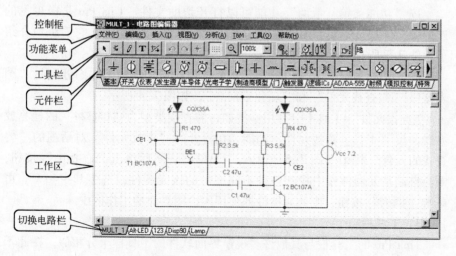

图 7-2　Tina Pro 的工作界面

在功能菜单中单击（快速单击鼠标左键一次）"文件"菜单，然后再单击"打开"子菜单，可在软件安装目录下的"Examples\Multimed"子目录中，调入一个名为"Mult_1. TSC"的电路图到工作区中（"Mult_1"是电路图文件名，"TSC"是电路图文件的扩展名）。这时，就可以对该电路进行仿真分析了（即用软件对电路进行模拟、分析，以了解和掌握电路的特性，如计算出电路的节点电压、绘制电路输出电压的瞬时波形图等）。

2. Tina Pro 软件界面的各个功能区

在正式对电路进行仿真分析前，首先对 6 个重要的功能区来作一个粗略的介绍，使读者对 Tina Pro 有一个大致的了解。

如图 7-2 所示，对软件工作界面的各个功能区简介如下。

1）控制框、工作区及切换电路栏

Tina Pro 可以同时调入多个电路图文件，这些电路文件名同时出现在"切换电路栏"中，如有 MULT_1、Alt_LED、123、Disp90、Lamp 等（扩展名均为 TSC 或 tsc，故未显示出来）。单击"切换电路栏"中某个电路文件名，该文件名（如"MULT_1"）就被切换到控制框中。同时，该电路图也被切换到"工作区"中，成为进行仿真计算的"当前电路图"。

2）功能菜单

在本书中所介绍的 Tina Pro 软件的各项功能和应用实例，均是基于"Tina Pro 6. 0 for windows-Demo 中文版"的。由于是 Demo（演示）版，所以它的部分功能是被限制使用的。例如，单击功能菜单的"文件"一项（以后，本书中将以上过程简记为：按"功能菜单\ 文件"），可以看到其中的"保存"、"另存为"、"保存所有"、"导出"、"导入"、"页面设置"、"打印"等选项是灰色的，表示这些功能被禁用。而在 Tina Pro 的其他版本中，是不存在这一现象的。

在功能菜单中，"分析"和"T&M"（虚拟仪器栏）是两个最重要的栏目，其内容将在下面详细介绍。

按"功能菜单\ 帮助"功能可以打开帮助文件。Tina Pro 是极少见的连帮助文件都是中文界面的电路仿真软件，如图 7-3 所示，它简练地介绍了软件几乎所有的重要功能。

在"功能菜单\ 工具"中，有 3 个选项是最常用的，它们分别是"图表窗口"、"查找元件"和"新建宏向导"，如图 7-4 所示。

"查找元件"工具十分有用。例如，需查找类型为"LM324"的运算放大器，按"工具\ 查找元件"功能，在打开的"查找元件"对话框的"要查找的元件"栏中（图 7-5）输入"LM324"，然后单击"查找中"按钮，则会自动从元器件库中找到各种不同型号的该元器件，选中其中一个，再单击"插入"按钮，则此元器件即被调入绘图界面的工作区中。

3）工具栏

Tina Pro 的工具栏与其他许多视窗界面软件的工具栏十分相似，在此不做过多介绍。

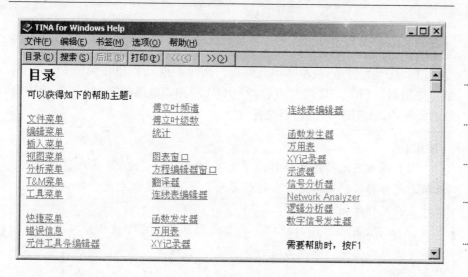

图 7-3　Tina Pro 的帮助菜单

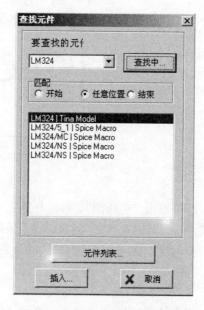

图 7-4　工具菜单　　　　图 7-5　查找元件工具及查找结果

4) 元件栏

元件栏实际上是指电路的元器件库。可以逐一单击元件栏下方的"单元框"，以显示相应的"库列表内容"。Tina Pro 的元器件库也采用图形化的方式显示，形象易懂，可以在使用中逐渐熟悉它们。

3. 学习绘制 Tina Pro 电路图

用 Tina Pro 正确绘制电路原理图是很容易学会的，但该过程是进行电路仿真分析的前提和基础。

现在按步骤绘制出完整的电路图 A-1. TSC，以熟悉用 Tina Pro 绘制电路图的具体过程。

【注意】在后面的学习中将会多次用到这幅图。

（1）从"元件条\基本"单元框中，调入"地"、"电压源"（U$_S$）、两个"电阻器"（R1、R2）、"电容器"（C1）和"电感器"（L1）等组成电路的元器件，到工作区的适当位置。

【注意】

（1）调入某元器件的操作：单击某单元，如"地"，该元器件图标就跟着光标移动。在认为恰当的位置处，再单击鼠标左键，则"地"即被放置在光标所指示的位置。

（2）删除某元器件的操作：单击该元器件，它即被选中变为红色。然后单击鼠标右键，在弹出的菜单中选择"删除"选项，确认后该元器件即被删除。

（2）使用工具栏中的"向左旋转"、"向右旋转"工具，将上述电路元器件放置在如图7-6所示的恰当的水平或垂直位置。

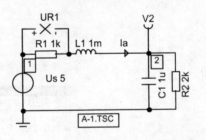

图7-6　电路图

（3）双击"电压源"，在"标签"项中输入"Us"，在"电压（V）"项中输入"5"，其他项不变。这样，该直流电压源被命名为Us，大小为5V。

类似地，将"R1"、"R2"的参数分别设为1kΩ、2kΩ（分别以"1k"、"2k"输入）；"C1"参数设为1μF（以"1u"输入）；"L1"参数设为1mH（以"1m"输入）等。

（4）从元件栏的"仪表"单元框中，调入"电压指针"、"开路"及"电流箭头"测量标志符，并放置在电路图恰当位置；将这标志符分别命名为"V2"、"UR1"和"Ia"，用于标志电路节点电位、支路元器件电压及支路电流的仿真计算值。

（5）单击工具栏的"文字(T)"功能，在自动打开的文字输入栏中分别输入节点电压标号"1"、"2"（即电路图中的方框1、2）和电路名"A-1.TSC"，并将这些文字标注用光标拖动至电路图的适当位置。

【注意】这些文字标注是一种标志记号，仅起方便读图的作用，而与分析功能无关。

（6）连线：当做完上述准备工作后，你可以在电路各元件之间进行连线了，该过程可使你享受到将电路连接为一个整体的成就感。

【注意】

（1）连线的方法：将光标指向某元器件的端点，光标箭头即变为"笔形"，单击并移动"笔形"光标，一条连线可随之移动，当光标移动至另一个元器件的端点时再单击，则该连线自动完成。

（2）删除连线的方法：将光标指向该连线，光标箭头变为"手形"。单击后连线被选中，变为红色。单击鼠标右键，在弹出的菜单中选择"删除"项并确认，该连线即被删除。

（7）别忘记，最后一步应保存工作区中的电路文件。执行菜单命令"文件"→"保存"，并将电路图文件存为"A – 1. TSC"（TSC 是自动产生的扩展名,无须输入）。

7.2.2　子电路的建立与调用

1. 关于 TinaPro 的 Demo（演示）版的说明和使用技巧

可以从因特网上免费下载的版本通常是 Tina Pro 的 Demo 版，它与其他版本是有所区别的。

（1）Demo 版本的"保存"、"另存为"、"打印"、"导入"、"导出"、"连线编辑器"、"页面设置"等功能是禁用的。

（2）Demo 版中自带的例子都可以分析，但不能添加元器件（EXAMPLES\Acoower. SHE 除外）。

（3）新建电路时能够分析的最大规模为"小于等于 10 个节点"。

鉴于 Tina Pro- Demo 版的功能限制，在使用时应该掌握一定的技巧。由于电路不能太复杂，而且无法保存，而"子电路建立和调用"功能可以使用，所以可以将复杂电路的其中的一部分建成子电路（宏）的形式，保存起来，在新的电路中调用，以"减小"当前仿真电路的规模。

2. 子电路（宏）的建立与调用

子电路就是将某一个具有独立功能的电路建成一个电路模块，以便在其他电路中调用，来构成一个完整的电路系统，使电路简洁、清晰、易读。在 Tina Pro 中，子电路被称为"宏"。

下面以一个实例来学习如何建立、保存和调用子电路。如图 7-7 所示，这是一个放大倍数为 – 2 的反相放大电路，首先绘制这个电路图。

（1）在元件栏的"制造商模型"中选择"运算放大器"，放入工作区中。双击此"运算放大器"调出"属性设置"对话框，单击"类型"（TYPE）属性选项后面的按钮，调出目录编辑器对话框，在模型下拉菜单中选择"MAC-RO PNP – INPUT"项，此时可以在类型项中找到 LM324（这是本例中要用到的运算放大器的型号），选中"LM324"，单击"确定"按钮。

（2）在元件栏的"基本"中分别选择"地"、"电压源"、"电压发生

器"、"电阻"等，参数设置如图7-7所示，其中电源为15V直流电源，输入信号Vsin(电压发生器)为幅值1V，频率1kHz的正弦波。具体设置方法为：双击"Vsin"，在弹出的对话框中选中"信号（Signal）"选项后部的按钮，弹出"信号编辑器"对话框，单击"正弦波形"按钮，并设置其频率为1kHz，幅值为1V。单击"OK"按钮，设置完毕。

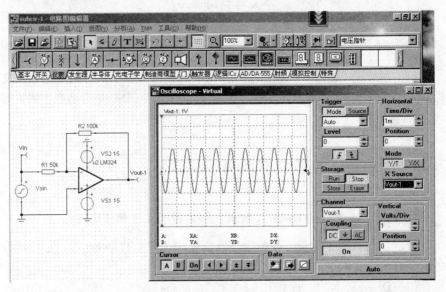

图7-7 子电路的建立及调用电路图

（3）选择菜单"T&M"项中的"示波器"，打开示波器界面。单击"RUN"按钮并正确设置示波器，便可观察其波形了。

3. 子电路的建立

（1）如图7-8所示，删去图7-7中的信号源部分。

（2）在"文件条"的"特殊"中选择"宏引脚"，分别如图7-8所示进行连接。

（3）在"工具"菜单中选择"新建宏向导"，在"新建宏向导"对话框中定义子电路的名称（例如，本例可取名为"FDQ"），单击"确定"按钮。在"保存电路图"对话框中选择保存路径和文件名，单击"保存"按钮。至此，子电路建立成功并保存完毕（注意保存位置）。

4. 子电路的调入

可以在刚才这个电路图文件界面的"插入"菜单中选择"宏"，即可在弹出的"插入宏"对话框中找到刚才保存的子电路"FDQ. TSM"。单击"打开"按钮，即可将其调入。

5. 子电路的应用

将刚才所调入的子电路与其原电路调至同一电路图界面，便可比较二者的异同了。在这里可以看到，子电路与其原电路功能相同，都是一个放

大倍数为 - 2 倍的放大器（信号源"-"端应接地，否则无输出）。

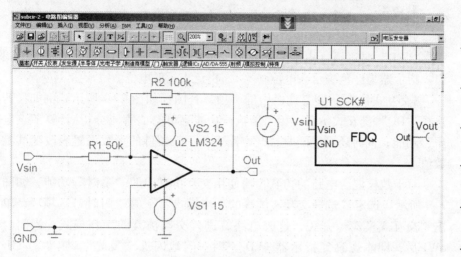

图 7-8　建立子电路图

7.2.3　交互式仿真

交互式仿真是电路仿真结果的一种简单表现形式，它与后面要讲的分析功能不同，它不像分析功能那样将计算值、波形图或图表一次性地给出，而是可随时改动电路图中相关电路参数，做到"边改电路元件参数，边观察仿真计算结果"。

一个数模混合电路（电阻是模拟元件，而与非门是数字器件）如图 7-9 所示。其中，"U1"为数字电路上拉高电位单元(+5V)、"U3"为数字时钟单元，其频率为 1Hz(U1、U3 两单元均可在元件栏的"发生源"单元框中调出)。

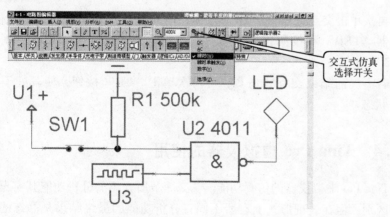

图 7-9　交互式仿真

"SW1"是双向开关，双击该单元后在其参数设置表中，可以将控制其工作状态的"热键"设为键盘中的某键，如"A"键，这样在交互式仿真

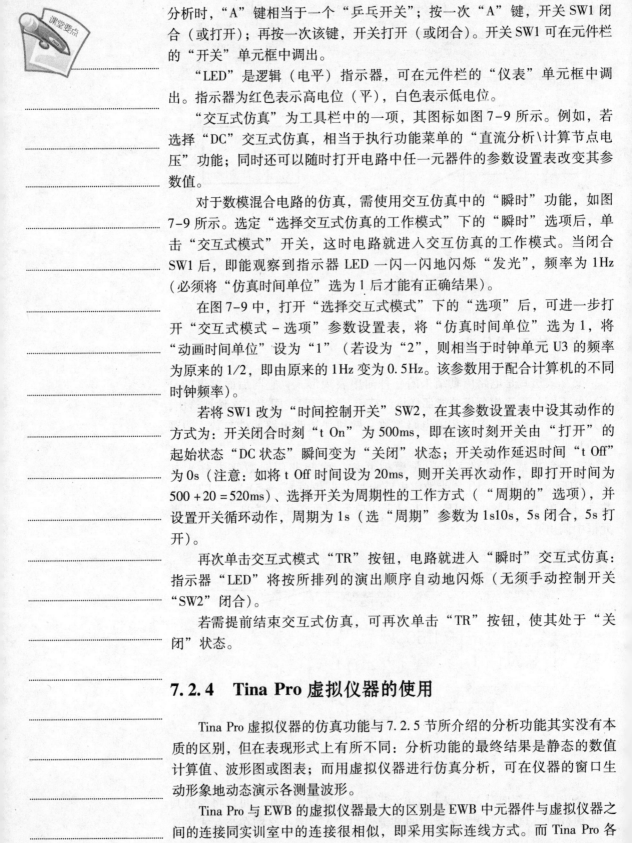

分析时，"A"键相当于一个"乒乓开关"；按一次"A"键，开关SW1闭合（或打开）；再按一次该键，开关打开（或闭合）。开关SW1可在元件栏的"开关"单元框中调出。

"LED"是逻辑（电平）指示器，可在元件栏的"仪表"单元框中调出。指示器为红色表示高电位（平），白色表示低电位。

"交互式仿真"为工具栏中的一项，其图标如图7-9所示。例如，若选择"DC"交互式仿真，相当于执行功能菜单的"直流分析\计算节点电压"功能；同时还可以随时打开电路中任一元器件的参数设置表改变其参数值。

对于数模混合电路的仿真，需使用交互仿真中的"瞬时"功能，如图7-9所示。选定"选择交互式仿真的工作模式"下的"瞬时"选项后，单击"交互式模式"开关，这时电路就进入交互仿真的工作模式。当闭合SW1后，即能观察到指示器LED一闪一闪地闪烁"发光"，频率为1Hz（必须将"仿真时间单位"选为1后才能有正确结果）。

在图7-9中，打开"选择交互式模式"下的"选项"后，可进一步打开"交互式模式－选项"参数设置表，将"仿真时间单位"选为1，将"动画时间单位"设为"1"（若设为"2"，则相当于时钟单元U3的频率为原来的1/2，即由原来的1Hz变为0.5Hz。该参数用于配合计算机的不同时钟频率）。

若将SW1改为"时间控制开关"SW2，在其参数设置表中设其动作的方式为：开关闭合时刻"t On"为500ms，即在该时刻开关由"打开"的起始状态"DC状态"瞬间变为"关闭"状态；开关动作延迟时间"t Off"为0s（注意：如将t Off时间设为20ms，则开关再次动作，即打开时间为500＋20＝520ms）、选择开关为周期性的工作方式（"周期的"选项），并设置开关循环动作，周期为1s（选"周期"参数为1s10s，5s闭合，5s打开）。

再次单击交互式模式"TR"按钮，电路就进入"瞬时"交互式仿真：指示器"LED"将按所排列的演出顺序自动地闪烁（无须手动控制开关"SW2"闭合）。

若需提前结束交互式仿真，可再次单击"TR"按钮，使其处于"关闭"状态。

7.2.4　Tina Pro 虚拟仪器的使用

Tina Pro虚拟仪器的仿真功能与7.2.5节所介绍的分析功能其实没有本质的区别，但在表现形式上有所不同：分析功能的最终结果是静态的数值计算值、波形图或图表；而用虚拟仪器进行仿真分析，可在仪器的窗口生动形象地动态演示各测量波形。

Tina Pro与EWB的虚拟仪器最大的区别是EWB中元器件与虚拟仪器之间的连接同实训室中的连接很相似，即采用实际连线方式。而Tina Pro各仪器与元器件之间采用虚拟连线方式，即在绘制电路图时不必将虚拟仪器用导线连接到测试点上，而是在待测试点处放上电压指针、开始和电流箭头等测量标志符，然后在各个虚拟仪器的面板上选择这些测量标志符，其相应的被测数值或波形图便显示在虚拟仪器上。

1. Tina Pro 中的测量仪器清单

打开"功能菜单 \ T&M"测量仪器菜单，如图 7–10 所示（T&M，Test and Measurement，即测量）。从该工具栏可以看出，Tina Pro 可操作函数发生器、万用表等 8 种测量仪器；在此，结合实例简单介绍一下常见的几种仪器。

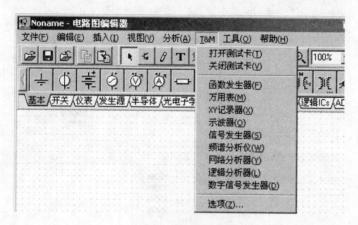

图 7–10　测量仪器菜单

2. 函数发生器与示波器联合仿真实例

电路如图 7–11 所示，输入为电压发生器"Usin"，输出为支路电压"UR1"和节点电压"V2"。

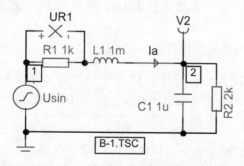

图 7–11　函数发生器与示波器联合仿真电路

打开"功能菜单 \ T&M"测量菜单，调出两个虚拟仪器，即函数发生器（Function Generator – Virtual）和多踪示波器（Oscilloscope – Virtual）。当工作区同时存在两个虚拟仪器时，单击其中的一个仪器的图形界面，该仪器就显示在"当前层"，处于当前层的仪器中的各调节钮是可以被控制的。

【注意】 多踪示波器可以同时显示多路输入或输出电压的瞬时波形。

从图 7-12 可以看出：电压发生器能产生的波形（Waveform 栏）有正弦波、三角波、方波、直流电压和任意波形（"ARB" 实际上是一个待完善的可编程的电压发生器）。从图中控制界面看出，对于正弦波电压源，可调整其频率（Frequency）和幅值（Amplitude），并且可以设置扫描的起始和终止频率，如 1Hz ~ 500kHz。若此时单击控制按钮 "On" 后再单击 "Start" 按钮（在 Control 栏），在示波器中可以看到在扫描频率激励条件下的输出波形（可直接在信号源 "属性" 中设置）。

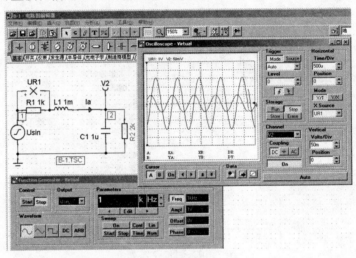

图 7-12   两个虚拟仪器联合仿真应用

现在按以下步骤对电路进行仿真。

（1）使电压发生器控制栏（Control）中 "Stop" 控制按钮处于有效状态（即非扫频方式）。

（2）选择电压信号为频率是 1kHz、幅度为 1V、直流偏置为 0V 的正弦波。

（3）单击示波器的图形界面，使其处于当前层

【注意】 应使示波器处于如图 7-12 所示的控制工作状态，如将水平扫描（Horizontal）时间设定为每格 500μs（Time/Div = 500μs）。

（4）单击示波器 "Storage" 栏中的 "Run" 控制按钮，则显示屏中出现两条动态演示的输出电压 "UR1" 和 "V2" 的波形。

【注意】 注意对示波器输入通道（Channel）中波形的选择：通道中已包含电路图中所有电压指针等电压测量输出项，如本例的输出电压 "V2" 和 "UR1"，它们与虚拟示波器之间不需要连接（即采用虚拟连接方式）。当初次打开虚拟示波器时，输入通道中只有一个输出电压项（如

"V2"）是处于"On"即有效状态，于是显示屏中只有"V2"的波形。随后，可从 Channel 通道增加一个波形，如增加一个波形"UR1"与"V2"才能一同出现在显示屏中。

3. 虚拟万用表应用实例

下面以"交互式仿真应用实例"为例，学习虚拟万用表的应用。

在图 7-12 所示电路中调入虚拟万用表（Digital Multimeter-Virtual），其工作界面如图 7-13 所示。

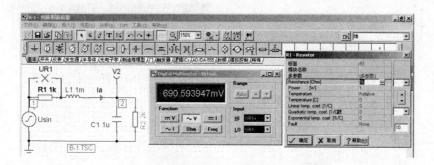

图 7-13　虚拟万用表交互式仿真应用实例

万用表的"测量"对象（"Function"栏中自左至右，然后自第 1 排至第 2 排）为直流电压、交流电压、直流电流、交流电流、电阻和频率（相当于频率计）。

在输入通道（"Input"栏）中可选择电路图中的某个输出项为测量量，如图 7-13 中的电阻 R1 两端的电压"UR1"。

双击 R1 元件，在打开的元件参数设置表"R1 - 电阻器"中，单击"向上"或"向下"控制按钮，可以随时改变电阻元件的数值（增大或减小）；此时，万用表所显示的电压"UR1"值也跟着发生同步变化。

其他虚拟仪器的使用方法与以上所介绍的大同小异，请大家结合书中的实例练习使用。

7.2.5　熟悉 Tina Pro 的直流分析功能

直流分析包含计算节点电压、DC 结果表、DC 传输特性、温度分析。直流分析是电路最基本的分析计算内容，是 Tina Pro 仿真分析功能的基础。电路各种复杂的分析，常需要有一个正确的直流分析结果作为前提。当电路分析过程出现异常中断时，则应该转而先来进行直流分析，看看最基本的直流分析是否能通过。

在直流分析中，电容等效为开路，电感等效为短路，电压源等效为短路（如正弦电压源），电流源等效为开路（如正弦电流源）。

下面一个实际电路的直流分析的全过程为例，来学习直流分析的方法。

1）计算节点电压（实际只计算测量标志符所标出的直流电压、电流值）

（1）在工作区调入电路文件"A–1.TSC"，如图7-14所示（直流电源）。

（2）如图7-15所示，执行菜单命令"分析"→"DC分析"→"计算节点电压"，得到如图7-16所示的仿真计算结果。

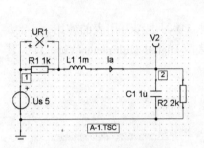

图7-14　DC分析电路图　　　　图7-15　DC分析功能选择菜单

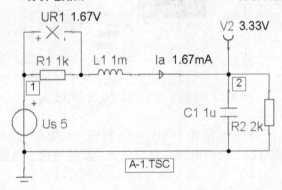

图7-16　计算节点电压的结果

【说明】

（1）在图7-16中，计算值被直接标注在各测量标志符的附近（右边）。"开路"标志符"UR1"示出R1两端的电压值为1.67V、"电压指针"标志符"V2"示出电路节点2的电位值为3.33V、"电流箭头"标志符"Ia"示出的支路电流为1.67mA。

（2）按照电路分析的方法，电路中各输出量的计算公式以及计算值分别为：

$$U_{R1} = U_S \times R_1 / (R_1 + R_2) = 5 \times 1/(1+2) \approx 1.67\text{V}$$

$$V_2 = U_S \times R_2 / (R_1 + R_2) = 5 \times 2/(1+2) \approx 3.33\text{V}$$

$$I_a = U_S / (R_1 + R_2) = 5/(1+2) \approx 1.67\text{mA}$$

2）DC结果表（计算全部的直流电压和电流值）

（1）在工作区调入电路文件"A–1.TSC"，如图7-14所示。

（2）如图7-15所示，执行菜单命令"分析"→"DC分析"→"DC结果表"，得到如图7-17所示的仿真计算结果。

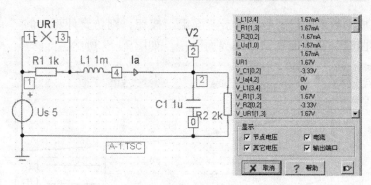

图7-17 DC结果表

【说明】

（1）此时，流过电压源 U_S 的电流"$I\_U_S[1,0]$"为 -1.67 mA。其中"$I\_$"为电流标志符，"$[1,0]$"为软件在电路分析时所使用的内部节点标号（显示在电路图中）。电流计算值为负数，表明该元器件（即电压源）的电流真实方向与参考方向相反。又如电感元件 L1 上的电压"$V\_L1[3,4]$"为 0V（短路）。

（2）在对电路进行仿真分析时，电路中任一元器件的电压、电流均取关联参考方向。

（3）分析时所采用的内部节点标号是软件自动生成的，不可人为改变，它们将出现在由 Tina Pro 导出 PSpice 电路文件中。

3）DC 传输特性（绘制直流传输特性图）

（1）在工作区调入电路文件"A – 1. TSC"，如图7-14 所示。

（2）如图7-15 所示，执行菜单命令"分析"→"DC 分析"→"DC 传输特性"，得到如图7-18 所示的 DC 传输特性参数设置表。

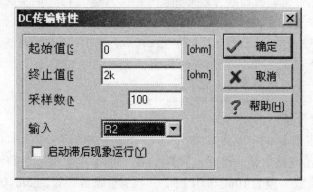

图7-18 DC 传输特性参数设置表

【说明】在参数设置表中，将 R2 设为参数扫描，参数设为 R2，起始值为"0[ohm]"（Ω）、终止值为"2k[ohm]"在 0~2kΩ 区间内，均匀分为 100 个采样点计算，即"采样数"为 100。

完成参数表的设置后，单击"确定"按钮，则仿真计算出的"直流传输特性曲线"被绘制在"绘图界面"中，如图7-19所示。

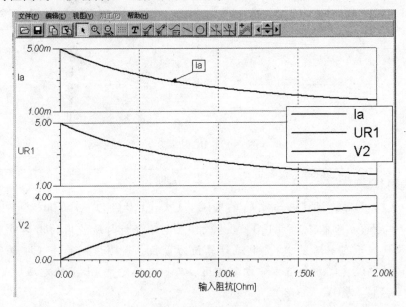

图7-19 绘图界面

【说明】
（1）绘图界面也可以执行菜单命令"工具"→"图表窗口"打开。
（2）此图是在图表窗口中执行菜单命令"视图"→"分离曲线"后得到的。
（3）在图7-19的"绘图界面"中，图形的横坐标"输入阻抗[ohm]"，标志参数扫描对象为电阻R2，单位为Ω。
（4）从直流特性曲线可以看出："UR1"和"V2"的变化趋势恰恰相反：前者由大变小，而后者由小变大。R1、R2两个元件的分压关系决定了当R2数值变大时，其上的电压增加，而R1两端的电压减小。
（5）为了进一步仿真分析的需要，需对"绘图界面"加以重点学习，这是十分有用的重要内容。

4）温度分析
（1）在工作区调入电路文件"A-1.TSC"，如图7-14所示。
（2）双击电路中某元器件，如R1，在"R1-电阻器"参数设置表中将"线性温度系数"设为10m（0.01）、"二次温度系数"设为5m（0.005），如图7-20所示。

【说明】 当不了解参数设置表中相关项内容时，可单击"帮助"选项，打开帮助文件。

（3）如图7-15所示，执行菜单命令"分析"→"DC分析"→"温度分析"，得到如图7-21所示的温度分析参数设置表。在表中，将"起始温度"、"终止温度"分别设为 0℃、100℃，将"采样数"设为 100。

　　（4）单击"确定"按钮后，得到各输出项随温度变化的曲线，如图 7-22 所示。

【说明】图 7-22 是执行菜单命令"视图"→"分离曲线"后得到的。

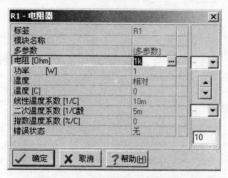

图 7-20　元件温度参数设置表

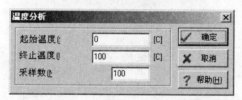

图 7-21　温度分析参数设置表

　　（5）单击"指针 a"（　），再单击选中温度特性曲线"Ia"，则坐标标尺"a"可随该曲线移动。然后，单击"指针 b"再选中温度特性曲线"Ia"，使坐标标尺"b"也随该曲线移动。将两标尺移动至图 7-22 所示的位置，从标尺中可以读出测量值为：温度为 0℃时，电流 I_a = 784.31μA；温度为 25℃时，电流 I_a = 1.67mA。两个工作点的温度差为 25℃，电流数值差为 882.46μA。电压随温度变化曲线"UR1"、"V2"在 27℃附近达到极小值和极大值。

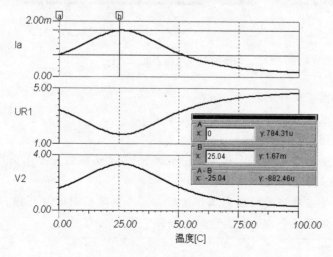

图 7-22　温度分析输出曲线

【说明】

（1）"直流分析"的基本步骤到此结束。

（2）在绘图界面工具栏中还有一项重要功能是在以后做仿真分析时经常要用到的，它就是绘图界面工具栏的"添加曲线"功能。

【绘图界面介绍】

1）绘图界面的功能菜单

绘图界面功能菜单的栏目主要包含"文件"、"编辑"、"视图"、"加工"和"帮助"等，这里重点介绍"视图"菜单，其内容如图7-23所示。这里最常用的是"分离曲线"和"合并曲线"两部分。

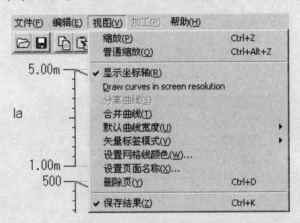

图7-23　视图菜单

2）绘图界面的工具栏

如图7-24所示，绘图界面工具栏图标可分为如下7类标注。

图7-24　绘图界面工具栏

（1）图形文件的打开、保存。

调入或保存图形文件（扩展名为tdr）。

（2）图形复制、粘贴。

此项功能非常实用，被复制的波形图可以粘贴到一个Word文件中或Tina Pro的电路图工作区中。

特别是当波形图粘贴到工作区后，可与电路图同时被打印，使电路图和分析结果结合在一起，读起来一目了然。

☺ 选择箭头：单击该图标，然后再单击一条欲选择的特性曲线，则该曲线被选中变成红色。这时如果单击图形"复制"图标，则该特性曲线（注意：不是由多条特性曲线所构成的图形界面）被保存在内存缓冲区。当对另一个电路进行分析，并生成一条新的特性曲线时，若单击该绘图界面的"粘贴"图标，则内存缓冲区中被保留的那条特性曲线可与新的特性曲线"粘贴"在一起。于是，绘图界面中就同时显示两条特性曲线，可将它们作相互对比。

（3）图形的放大、缩小。

（4）文字、指针、自动标签、图例。

☺ 文字（T）：用于在绘图界面中添加中英文文字注释，如在图的左下角"直流特性曲线"即为文字标注。

☺ 指针：其作用为改变"标签"的箭头的指向位置。

☺ 自动标签：单击该图标，然后再单击某特性曲线时，则该特性曲线即被一个带箭头的"标签"所标志。该标签内容与测量标志符的名称相同。如图中的自动标签"Ia"（注意：这是最重要的绘图工具之一）。

☺ 图例：在单击该图标后，可以出现一个小栏框，可标志出绘图界面中所有特性曲线的名称或参数，如小栏框所示。其中 3 个标志符"–Ia"、"–UR1"、"–V2"实际上是不同颜色的，与特性曲线的颜色相对应。

（5）折线、圆周。

在绘图界面上可根据需要绘制出某些线条或圆。

（6）指针 a、指针 b。

即坐标标尺测量工具，也是最重要的绘图工具之一。

（7）添加曲线。

数据处理工具，也是最重要的绘图工具之一（见对图内容的相关说明）。

【注意】双击"绘图界面"中的组成要素，如曲线、坐标的单位标注符等，均会弹出一个小的"设置"表，其中的内容为设置曲线的"线条宽度"、"字符字体"及颜色等。

7.2.6 熟悉 Tina Pro 的正弦稳态分析功能

正弦稳态分析包括计算节点电压、AC 结果表、AC 传输特性、矢量图、时间函数、网络分析。当电路中的输入信号为正弦电压源，且电路已经处于稳定的工作状态时，应该对电路进行正弦稳态分析。

（1）在工作区调入电路文件 A–1.TSC，如图 7-14 所示。删除图中的直流电压源 Us（单击该电压源，单击鼠标右键，在弹出菜单中选择"删除"选项）。

（2）执行菜单命令"元件栏"→"发生源"，调入"电压发生器"。重新连接好电路，并另存为电路图文件 B－1. TSC。双击"电压发生器"自动弹出参数设置表，对其进行如下操作。

① 将"标签"设为"Usin"（电压源名称）。

② 单击"信号"栏中信号类型（如"正弦波"或其他类型的信号源）右边的由 3 个小点组成的"控制块"，可得到"信号编辑器"参数设置表。

③ 在参数设置表中，信号源类型从左至右依次为"脉冲"、"单步"（即阶跃）、"正弦曲线"、"余弦曲线"、"方波"、"三角波"、"梯形波"及"用户自定义"波形。

④ 单击"正弦曲线"，可进一步对确定正弦波的三要素进行设置：将正弦波的"幅度"设为 1V，"频率"设为 1kHz，"相位"设为 00。单击"确定"按钮，即完成了对"电压发生器"参数的设置。

（3）执行菜单命令"视图"→"选项"，打开"编辑器选项"，并在"AC 用的基本函数"栏处选择函数类型为"正弦"（即将电压源选为正弦函数 sin，而不是余弦函数 cos）。保存电路文件 B－1. TSC。

下面继续以一个实际电路的正弦稳态分析的全过程为例，来学习正弦稳态分析的方法。

（1）计算节点电压（实际只计算测量标志符所标出的正弦电压、电流值）。在工作区调入电路文件"B－1. TSC"，如图 7-25 所示。按"分析\AC 分析\计算节点电压"得到如图 7-26 所示的仿真计算结果。

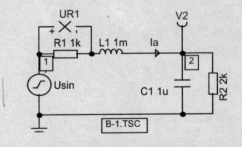

图 7-25　AC 分析电路图

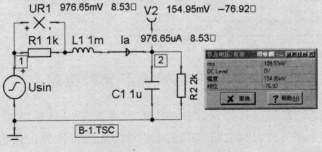

图 7-26　AC 计算结果

【说明】

☺ 在图 7-26 计算结果中，各有关正弦量三要素中的幅值（注意：不是有效值）和相位被标注在该正弦量的附近（右边），如电阻 R_1 两端的电压 $U_{R1}(t)$ 的幅值及相位分别是 976.65mV 和 8.53°。电路中各正弦量的第三个要素，即频率与电源频率相同，均为 1kHz。$U_{R1}(t)$ 的稳态解的瞬时表达式为

$$u_{R1}(t) = 976.65\sin(2\Omega \times 1000t + 8.53°)\text{mV}$$

☺ 当计算完成后，光标的箭头会变成一只"表笔"，将其指向电路的任一节点（或任一元器件的两端），如图 7-25 电路的节点 2，然后单击，则在"节点电压 \ 仪器"表格中给出更为详细的"V2"的计算结果：交流有效值（rms）为 109.57mV、直流电位为 0V、幅值为 154.95mV、相位为 −76.92°，如图 7-26 所示。

（2）AC 结果表（计算全部的直流电压和电流值）。

① 在工作区调入电路文件"B‑1.TSC"，如图 7-25 所示。

② 执行菜单命令"分析"→"AC 分析"→"AC 结果表"，得到如图 7-27 所示的仿真计算结果。

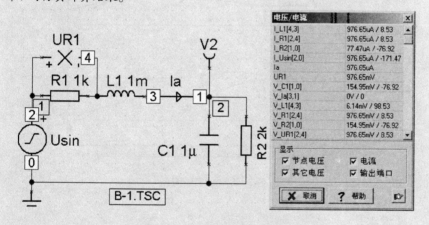

图 7-27　AC 结果表

【说明】 在计算结果中，电路中的输出正弦量，如电感 L1 两端的电压"V_L1[4,3]"幅值和相位分别为 6.14mV 和 98.53°。

（3）AC 传输特性（绘制正弦稳态电路的频率响应图，即幅频、相频特性曲线图）。

① 在工作区调入电路文件"B‑1.TSC"，如图 7-25 所示。

② 执行菜单命令"分析"→"AC 分析"→"AC 传输特性"，得到如图 7-28 所示的 AC 传输特性参数设置表。

③ 在该参数设置表中完成如下参数设置：频率分析变化的范围从 1Hz ~ 1MHz，"扫描类型"选为"对数"、"图表"（即频率响应的类型）选为"幅度和相位"。单击"确定"按钮，得到如图 7-29 所示的频率响应图。

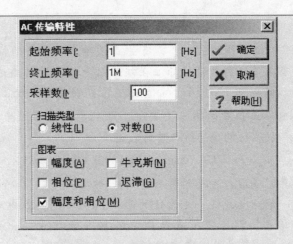

图7-28　AC传输特性参数设置表

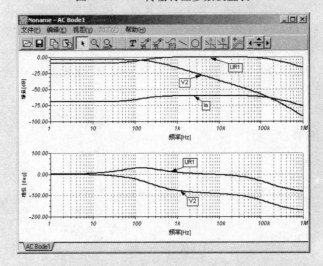

图7-29　频率响应图

【说明】

☺ 在图7-29中，上半部分纵轴为"增益（dB）"的坐标系绘制的特性曲线，而下半部分纵轴为"相位（deg）"的坐标系绘制的是相频特性曲线（注意，单位是"度"，不是"弧度"）。图中两"指针"a、b在两个频率点对幅频特性曲线"UR1"的数值进行了计算。

☺ 在频率响应分析中，激励源只能有一个（此例中激励源为正弦电压源"Usin"）。并且，软件自动将激励源的幅值设为1V，相位设为0°。当电路中含有多个正弦电源时，应将除激励源外的所有电源的"IO状态"设为"无"。

（4）矢量图（相量图）。

① 在工作区调入电路文件"B-1.TSC"，如图7-25所示。

② 在图中设正弦电压的幅值为1V，频率为50Hz。

③ 执行菜单命令"分析"→"AC 分析"→"矢量图",得到如图 7-30 所示的电流和电压的矢量(量图)图。

(5)时间函数(正弦稳态电路的时域分析)。

① 在工作区调入电路文件"B-1.TSC",如图 7-25 所示。

② 在图中设正弦电压的幅值为 1V,频率为 50Hz。

③ 执行菜单命令"分析"→"AC 分析"→"时间函数",得到时间函数参数设置表。

④ 在时间函数参数设置表中,将分析的"起始时间"设为 0s,"终止时间"设为 20ms,"采样数"设为 100,单击"确定"按钮可以在绘图界面中得到如图 7-31 所示的时域波形图。

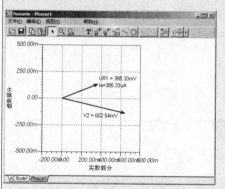

图 7-30 矢量图

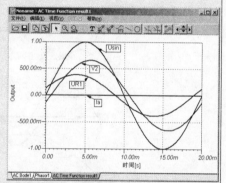

图 7-31 正弦稳态电路时域波形图

7.2.7 熟悉 Tina Pro 的瞬时分析功能

(1)瞬时分析常用于绘制电路的输入、输出电量的波形图。

(2)调入图 7-32 所示的电路图 B-1.TSC,将输入正弦电压源"Usin"的幅值设为 1V,频率设为 1kHz。

(3)执行菜单命令"元件条"→"特殊"→"$^{IC1}_{©}$(初始条件 1)",调入"设置电路初始条件设置符"$^{IC1}_{©}$,并将其连接到如图 7-32 的位置。

(4)双击"设置电路初始条件设置符",将参数"电压[V]"设置为 -2V。

(5)最后将电路图文件另存为 B-2.TSC。

(6)执行菜单命令"分析"→"瞬时",得到如图 7-33 的"瞬时分析参数设置表",将瞬时分析的起始分析时刻"起始显示"设为 0s;计算终止时刻"终止显示"设为 2ms(输入正弦电压源的频率为 1kHz,故 2ms 相当于绘制 2 个周期的波形图)。将分析的数学方法"积分方法"设为"Gear"(默认)。并选择"计算操作点"选项。该项的含义是,电路将根据过渡过程的换路定律对电路中各电量的初始值(指 t = 0₊ 时刻)重新计算。

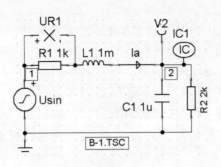

图 7-32　瞬时分析电路图　　　　　图 7-33　瞬时分析参数设置表

（7）单击"确定"按钮后，分析结果如图 7-34 所示。从图中可以看出，电压"UR1"波形的起始值约为 2V。其值实际上是软件根据换路定律对电路重新计算后得出的数值。

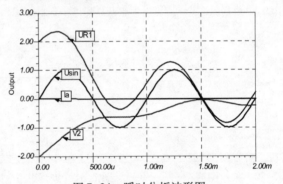

图 7-34　瞬时分析波形图

现在进行第 2 次仿真分析，在图 7-33 所示的参数设置表中选择"使用初始条件"选项，其含义是在计算初始值时仅保留电容的初始电压、电感的初始电流及电路中"IC"初始值这 3 种初始条件不变，而将其他电量的初始值均设为零。按照选择的"使用初始条件"分析的结果如图 7-35 所示。在图中，注意"UR1"波形的初始值图为 0V，与其在图 7-33 中的初始值为 2V 不同。这是由于在"使用初始条件"分析时"UR1"的初值被设为了零（因其不是上述 3 种初始条件不变的情形之一）。而在"计算操作点"分析时，电路根据换路定律，重新对"UR1"电压进行了计算（2V）。当在图 7-33 所示的参数设置表中选择"零初始值"选项时，电路中各电量的初始值都被强迫置零。

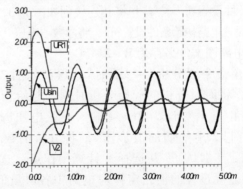

图 7-35　使用初始条件的瞬时分析结果